科学出版社"十三五"普通高等教育本科规划教材
应用型本科院校大学数学公共基础平台课系列教材

高 等 数 学

（文科类）

主编　赵艳敏　沈会燕　王惠婷

科学出版社
北　京

内 容 简 介

本书内容涵盖了教育部制定的大学文科高等数学的教学基本内容，凝聚了作者多年的教学经验．全书分为 21 个模块，其中第 1 至 5 模块是一元函数的极限与连续性，第 6 至 12 模块是一元函数微分学的内容，第 13 至 17 模块是一元函数积分学的内容，第 18 至 19 模块是微分方程初步，第 20 至 21 模块简单介绍了数项级数的基础知识．每个部分的内容都经过精细筛选，重点突出、层次分明、叙述清楚、深入浅出、简明易懂．

本书适用于文学、历史学、哲学、政治、语言及其他文科类专业的本科生，也可供自学者和有关教师参考．

图书在版编目（CIP）数据

高等数学(文科类)/赵艳敏，沈会燊，王惠婷主编. —北京：科学出版社，2016.8

科学出版社“十三五”普通高等教育本科规划教材
应用型本科院校大学数学公共基础平台课系列教材
ISBN 978-7-03-049511-2

Ⅰ. ①高… Ⅱ. ①赵… ②沈… ③王… Ⅲ. ①高等数学—高等学校—教材 Ⅳ. ①O13

中国版本图书馆 CIP 数据核字 (2016) 第 179313 号

责任编辑：张中兴／责任校对：张凤琴
责任印制：张 伟／封面设计：迷底书装

科 学 出 版 社 出版
北京东黄城根北街 16 号
邮政编码：100717
http://www.sciencep.com

北京厚诚则铭印刷科技有限公司 印刷
科学出版社发行 各地新华书店经销
*
2016 年 8 月第 一 版 开本：787×1092 1/16
2023 年 8 月第七次印刷 印张：7 1/4
字数：180 000
定价：25.00 元
(如有印装质量问题，我社负责调换)

丛 书 序 言

Preface to the series

　　本系列教材参照教育部非数学类专业数学基础课程教学指导委员会制定的非数学类专业公共数学系列课程教学基本要求, 结合编者多年来教学实践中的经验和体会, 在对已有教材进行认真改进的基础上编写而成, 其目的是为应用型高等学校非数学类各专业学生提供比较适合的教材或学习参考书.

　　本系列教材包括:《高等数学(理工类)(上、下册)》、《线性代数(理工类)》、《概率论与数理统计(理工类)》、《高等数学(文科类)》、《大学数学(经济管理类)(Ⅰ高等数学、Ⅱ线性代数、Ⅲ概率论与数理统计)》.

　　我们知道, 高等学校公共数学课程原来仅是非数学的理工科各专业的基础课程, 随着现代科学技术的迅猛发展, 特别是计算机和信息技术的发展, 近年来高等数学几乎普及到了经济管理类、外语类、艺术类等所有专业, 而不同科类的专业讲授的课时以及内容又千差万别. 目前, 关于公共数学课程系列教材或教科书已非常多, 这类教材主要以经典数学的理论为基础, 讲述其理论、方法与例题分析, 目的是帮助读者理解和掌握基本的数学概念和方法. 但是, 这类教材中的例题和习题几乎全部是数学类的, 这对于非数学类专业学生学习数学课程不能够很好地将其理论、方法应用于本专业. 另外, 这类教材几乎通用于所有的非数学类专业, 而不同的专业很难有针对性地选择本专业所学习的内容. 为此, 本系列教材力求在以下六个方面做一些尝试:

　　(1) 以数学的基本理论和方法为基础;

　　(2) 尽量与现代科学技术, 特别是信息技术发展相适应, 强调应用性、实效性;

　　(3) 教学内容模块化, 将系列课程的每门教材的内容划分为多个模块, 不同的专业可根据本专业培养方案的要求, 从中选取相应的模块, 使教学内容对专业更具有针对性;

　　(4) 改变传统教材太数学化的现象, 根据各个学科专业的特点, 针对不同专业配备相应的例题、练习题和习题, 以突出教学内容的应用性, 使教学内容更适应于应用型本科院校学生的需求;

　　(5) 有一定的可塑性, 能广泛适用于非数学类各专业的学生可根据其特点和需要选择教学内容和习题;

　　(6) 深入浅出, 易教易学, 突出重点, 强调案例式教学方法.

　　当然, 上述想法只是编者编写本系列教材的希望或初衷, 本系列教材距这样的目标还有一定的距离.

由于编者水平有限, 系列教材中难免有缺点和错误, 敬请读者批评指正.

丛书编委会

2016 年 6 月

前 言
Preface

　　本书参照教育部非数学类专业数学基础课程教学指导委员会制定的非数学类专业高等数学课程教学基本要求, 结合多年来教学实践中的经验和体会以及文科类学生的实际情况, 在对已有教材进行认真改进的基础上编写而成, 其目的是为高等学校文科类各专业学生提供一本比较适合的教材或学习参考书.

　　在人类社会进步, 科学现代化的过程中, 数学及数学方法显得越来越重要, 在许多学科中, 它不单是一种辅助的工具, 而是解决许多重大问题的关键性的思想与方法. 不仅在自然科学和工程技术领域中起着重要的作用, 而且正以越来越快的速度渗透到社会科学的各个领域, 显示出巨大的推动作用和启发作用. 数学向人文科学研究领域广泛渗透, 乃是 21 世纪数学应用的显著特点之一. 正是这种广泛的应用性, 使得高等数学课程已成为高等学校大部分文科专业开设的一门重要的必修或选修课程. 如今, 在社会科学、语言学、历史学和考古学科中, 都可发现数学重要的应用, 社会科学的数量化进程, 还在加速进行.

　　本书是专为文、史、哲、政治、语言等专业学生编写的数学教材, 以 "模块式" 结构展现内容, 内容包括一元函数微积分、微分方程初步、数项级数、应用举例等. 如何针对文科生的特点, 选择合适的数学教学内容是值得深入探讨和大力实践的重要课题, 本书为此做了有益的尝试:

　　(1) 以实数论为基础, 以一元函数微积分为主线, 立足于高等数学的基本理论和方法;

　　(2) 尽量与现代科学技术, 特别是信息技术发展相适应, 强调应用性、实效性;

　　(3) 在内容的选取上, 突破了传统教材的框架, 强调了数学的思想和方法, 淡化了过深的数学理论和运算技巧;

　　(4) 内容由一个个模块组成, 每个模块独立成篇, 有深刻的思想, 而无需过多的预备知识, 教师可根据学生的具体情况及学时多少, 自由地选择一些专题来讲授, 不必在乎知识的系统性, 而要使学生收获数学的思维方式.

　　当然, 上述想法只是编者编写本书的希望或初衷, 本书实际上还远没有达到这样的目标.

　　本书共分 21 个模块, 其中第 1 至 5 模块主要是一元函数的极限与连续性, 第 6 至 12 模块主要是一元函数微分学的内容, 第 13 至 17 模块主要是一元函数积分学的内容, 第 18 至 19 模块是微分方程初步, 第 20 至 21 模块简单介绍了数项级数的基础知识. 各模块都包含一定量的例题和习题.

　　本书第 1 至 5 模块由赵艳敏执笔, 第 6 至 12 模块及第 18 至 19 模块由沈会焘执笔, 第

13 至 17 模块及第 20 至 21 模块由王惠婷执笔. 全书由赵艳敏统稿定稿.

由于编者水平有限, 书中难免有缺点和错误, 敬请读者批评指正.

编 者

2016 年 6 月

目　录
Contents

模块1
函数的概念及性质

微积分的研究离不开函数 (function). 什么是函数? 它有哪些性质? 在实际生活中有哪些应用? 什么是极限? 如何定义数列及函数的极限? 它们有哪些应用? 什么样的函数称为连续的? 不连续的函数有哪些类型? 连续的函数有什么优势? 为什么学习微积分之前, 要了解函数、极限和连续呢? 在模块 1 ~ 5 中, 我们将对这些问题给出答案.

1.1 函数的概念

函数是高等数学的一个核心概念. 其实我们在小学数学的学习过程中也接触到了函数, 如图 1.1 所示, 左边集合中的数, 按照 "加上 2" 的法则, 就变成了右边集合中的数, 并且它们和右边集合中的数按此法则一一对应.

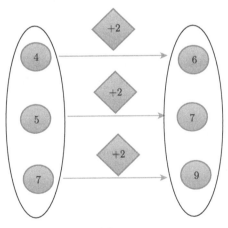

图 1.1

函数在我们身边随处可见, 例如, 某地区手机本地主叫费用为 0.2 元/min, 小明在手机话费卡中存入 30 元, 记此后他的手机本地主叫时间为 t min, 话费卡中的余额为 w 元, 那么本地主叫时间和话费卡中的余额有什么联系?

分析 当通话时间在它可能的变化范围内每取一个 t 值时, 话费卡中的余额 w 就会有一个唯一确定的值 $30 - 0.2t$ 与之相对应, 通话时间 t 与话费卡中的余额 w 之间的这种关系就叫做函数关系, 具体地, 即

$$w = 30 - 0.2t \quad (0 \leqslant t \leqslant 150).$$

下面, 我们给出函数的确切定义.

定义 1.1 设 X, Y 是非空数集, 如果按照某种对应法则 f, 使得 X 中的任意一个数 x 均有 Y 中的唯一确定的数 $f(x)$ 与之对应, 则称 f 为定义在 X 上的函数. 记作 $y = f(x), x \in X$, 称 X 为函数的**定义域**, 称集合 $\{y \mid y = f(x), x \in X\}$ 为函数的**值域**.

若借助映射定义 1.1 也可以等价地表述如下:

设 X 是 $\mathbf{R}$ 中的非空数集, 称映射 $f : X \to \mathbf{R}$ 为定义在 X 上的函数, 记作: $y = f(x), x \in X$. 其中定义域 X 也可以记作 X_f, 值域 $\{y \mid y = f(x), x \in X\}$ 记作 R_f.

从空间的角度考虑, 上述函数的定义都是在一维空间 $\mathbf{R}^1$ 中得到的, 类似地, 函数的定义可以推广至 n 维空间, 具体如下:

设 D 是 $\mathbf{R}^n$ 中的非空点集, 则称映射 $f : D \to \mathbf{R}$ 为定义在 D 上的 n 元函数, 记作: $y = f(x_1, x_2, \cdots, x_n), (x_1, x_2, \cdots, x_n) \in D$, 其中向量 $(x_1, x_2, \cdots, x_n)$ 叫做**自变量**, y 叫做**因变量**, D 叫做**定义域**, 记作 D_f, 函数值的集合

$$\{y \mid y = f(x_1, x_2, \cdots, x_n), (x_1, x_2, \cdots, x_n) \in D\}$$

叫做函数的**值域**, 记作 R_f.

注 (1) 本书中如无特殊说明, 所涉及的函数通常是指一元函数.

(2) 当 $n \geqslant 2$ 时, n 元函数统称为多元函数.

1.2 初 等 函 数

1.2.1 基本初等函数

常值函数、幂函数、指数函数、对数函数、三角函数、反三角函数统称为基本初等函数, 它们是研究各种函数的基础, 下面我们再对这几类函数做一简单介绍.

1. 常值函数

$y = C$ 或 $x = C(C$ 为常数$)$, 如图 1.2 所示.

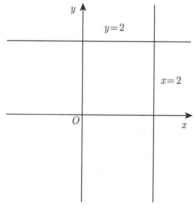

图 1.2

2. 幂函数

$y = x^{\alpha}(\alpha$ 为任意实数), 如图 1.3 所示.

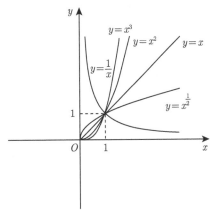

图 1.3

3. 指数函数

$y = a^x(a > 0, a \neq 1, a$ 为常数), 如图 1.4 所示.

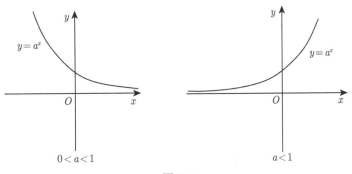

图 1.4

4. 对数函数

$y = \log_a x(a > 0, a \neq 1, a$ 为常数), 如图 1.5 所示.

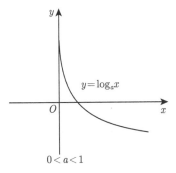 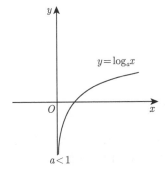

图 1.5

以 e 为底的对数函数称为自然对数函数, 记作: $y = \ln x$;

以 10 为底的对数函数称为常用对数函数, 记作: $y = \lg x$.

5. 三角函数

$y = \sin x, \quad y = \cos x, \quad y = \tan x, \quad y = \cot x, \quad y = \sec x, \quad y = \csc x.$ 如图 1.6 所示.

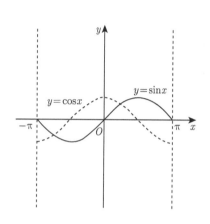
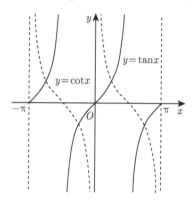

图 1.6

6. 反三角函数

$y = \arcsin x, \quad y = \arccos x, \quad y = \arctan x, \quad y = \operatorname{arccot} x,$ 如图 1.7 所示.

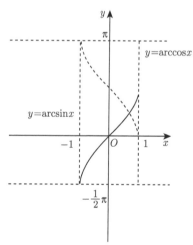
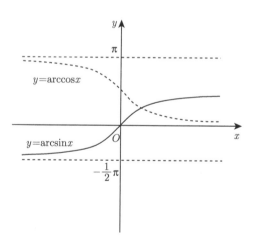

图 1.7

1.2.2 初等函数

由基本初等函数经过有限次四则运算和有限次复合运算所构成的, 且能够用一个表达式表示出来的函数, 称为**初等函数**.

例如, $y = \sqrt{3+x}$, $y = \sqrt{1-3^x}$, $y = \cos^2 x$ 都是初等函数.

注 与一元初等函数类似, 多元初等函数是指可用一个式子所表示的多元函数, 这个式子是由常数及具有不同自变量的一元基本初等函数, 经过有限次的四则运算和复合运算而得到的. 例如, $z = \dfrac{x^2 + x^3}{1 + y^2}$, $z = \tan(x+y)$, $u = \mathrm{e}^{x^2+y^2+z^2}$ 都是多元初等函数.

1.3 函数的性质

学习函数的目的, 是将其付诸应用. 为此, 在本节中我们重点来研究函数的性质, 它们对于灵活地运用函数解决实际问题非常重要.

1.3.1 函数的单调性

定义 1.2 设函数 $y = f(x)$ 在区间 I 上有定义, 对于任意的 $x_1, x_2 \in I$,

若 $x_1 < x_2$, 有 $f(x_1) < f(x_2)$, 则称函数 $y = f(x)$ 为在 I 上的**单调增函数**;

若 $x_1 < x_2$, 有 $f(x_1) > f(x_2)$, 则称函数 $y = f(x)$ 为在 I 上的**单调减函数**.

从几何图形上看, 单调增函数的图像如图 1.8 所示, 随着自变量的增大而上升; 单调减函数的图像如图 1.9 所示, 随着自变量的增大而下降.

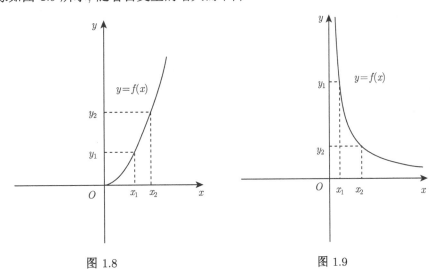

图 1.8　　　　　　　　　　图 1.9

单调增函数和单调减函数统称为单调函数.

定义 1.3 若 $x_1 < x_2$, 有 $f(x_1) \leqslant f(x_2)$, 则称函数 $y = f(x)$ 为在 I 上的**广义单调增函数**; 若 $x_1 < x_2$, 有 $f(x_1) \geqslant f(x_2)$, 则称函数 $y = f(x)$ 为在 I 上的**广义单调减函数**.

例如, 函数 $y = \tan x$ 在 $\left(-\dfrac{\pi}{2}, \dfrac{\pi}{2}\right)$ 上是单调增函数, 函数 $y = x^2$ 在 $(-\infty, 0)$ 上是单调减函数, 在 $(0, +\infty)$ 上是单调增函数, 但在 $(-\infty, +\infty)$ 上不具有单调性; 函数 $y = [x]$(取整函数) 在 $(-\infty, +\infty)$ 上不是单调递增的, 而是广义单调递增的; 常函数在其定义域上既可认为是广义单调递增的, 也可认为是广义单调递减的.

1.3.2 函数的有界性

定义 1.4 设函数 $y = f(x)$ 在数集 I 上有定义, 若存在常数 $M > 0$, 对任意的 $x \in D$ 都有 $|f(x)| \leqslant M$, 则称函数 $y = f(x)$ 在 I 上**有界**; 否则 (即不存在这样的 M) 称函数 $y = f(x)$ 在 I 上为**无界**.

例如, 函数 $y = \sin x$ 在 $(-\infty, +\infty)$ 内是有界函数, 因为存在正数 $M = 1$, 无论 x 取任何数都有 $|\sin x| \leqslant 1$; 函数 $f(x) = \dfrac{1}{x}$ 在开区间 $(0, 1)$ 内是无界的, 因为不存在这样的正数 M, 使得 $\left| \dfrac{1}{x} \right| \leqslant M$ 对于 $(0, 1)$ 内的一切 x 都成立. 事实上, 对于任意取定的正数 M(不妨设 $M > 1$), 则 $\dfrac{1}{M} \in (0, 1)$, 当 $x_1 = \dfrac{1}{2M}$ 时, 有 $\left| \dfrac{1}{x_1} \right| = 2M > M$, 但是 $f(x) = \dfrac{1}{x}$ 在 $(1, 2)$ 内是有界的, 取 $M = 1$ 可使 $\left| \dfrac{1}{x} \right| \leqslant 1$ 对于区间 $(1, 2)$ 内的一切 x 都成立. 通过例子可以看出, 不能笼统地说一个函数是有界还是无界的, 一定要指明它在哪个区间内是有界的或无界的.

如果存在常数 M_1, 对任意的 $x \in I$ 都有 $f(x) \leqslant M_1$, 则称函数 $f(x)$ 在 I 上有**上界**.

如果存在常数 M_2, 对任意的 $x \in I$ 都有 $f(x) \geqslant M_2$, 则称函数 $f(x)$ 在 I 上有**下界**.

例如, 余弦函数 $y = \cos x$ 在 $(-\infty, +\infty)$ 上是有界函数, 1 是它的上界并且是最小的上界 (上确界), -1 是它的下界并且是最大的下界 (下确界).

1.3.3 函数的奇偶性

定义 1.5 设函数 $y = f(x)$ 的定义域为 I 关于原点对称, 对于任意的 $x \in I$, 如果 $f(-x) = -f(x)$, 则称函数 $y = f(x)$ 为 I 上的**奇函数**; 如果 $f(-x) = f(x)$, 则称函数 $y = f(x)$ 为 I 上的**偶函数**.

从几何图形可知: 奇函数关于原点对称 (图 1.10 $y = x^3$), 偶函数关于 y 轴对称 (图 1.11 $y = x^2$).

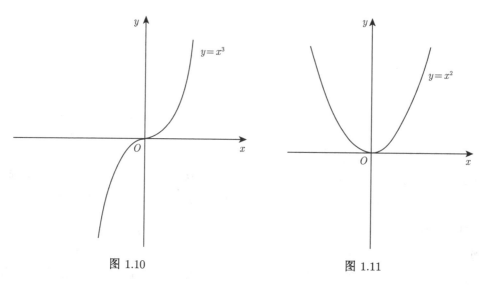

图 1.10   图 1.11

例 1.1 判断 $f(x) = \ln \left(\sqrt{x^2 + 1} + x \right)$ 的奇偶性.

解　$f(x)$ 的定义域为 $(-\infty, +\infty)$ 关于原点对称, 且

$$f(-x) = \ln\left(\sqrt{(-x)^2 + 1} - x\right) = \ln \frac{1}{\sqrt{x^2 + 1} + x} = -f(x),$$

所以 $f(x)$ 为奇函数.

注　判断函数奇偶性时首先要检验它的定义域是否关于原点对称. 否则, 函数的奇偶性就无从谈起.

1.3.4　函数的周期性

定义 1.6　设函数 $y = f(x)$ 的定义域为 I, 若存在常数 T, 使得对于任意的 $x \in I$, $x + T \in I$, 均有: $f(x) = f(x + T)$, 则称函数 $y = f(x)$ 为周期函数, T 是函数 $y = f(x)$ 的周期.

例如, 三角函数 $y = \sin x, y = \cos x, y = \tan x$ 分别是周期为 $2\pi, 2\pi, \pi$ 的周期函数.

习　题　1

1. 下列各组函数是否相等? 为什么?

(1) $f(x) = x^2 + x + 1$, $g(x) = \dfrac{x^3 - 1}{x - 1}$;

(2) $f(x) = \sqrt{x^2}$, $g(x) = |x|$;

(3) $f(x) = \lg x^4$, $g(x) = 4\lg x$;

(4) $f(x) = 1$, $g(x) = \sin^2 x + \cos^2 x$.

2. 求下列函数的定义域:

(1) $f(x) = \ln\left(\dfrac{1 + x}{1 - x}\right)$;　　　　(2) $f(x) = \dfrac{x}{x^2 - 1}$;

(3) $f(x) = \arcsin(x - 4)$;　　　　(4) $f(x) = \tan\left(x + \dfrac{\pi}{4}\right)$.

3. 判断下列函数的奇偶性:

(1) $f(x) = x^2(1 - x^2)$;　　　　(2) $f(x) = x\mathrm{e}^x$.

4. 设函数 $f(x)$ 在 $(-\infty, +\infty)$ 内单调递减, 且对一切的 x 有 $f(x) \geqslant g(x)$, 证明:

$$f(f(x)) \leqslant f(g(x)).$$

5. 已知 $f\left(x + \dfrac{1}{x}\right) = x^2 + \dfrac{1}{x^2}$, 求 $f(x)$.

模块2
数列的极限

2.1 数列极限的定义

极限 (limit) 是贯穿高等数学的重要内容和工具, 必须加以特别的重视和关注, 在本模块中, 我们从最简单的、最基本的数列的极限开始来介绍极限.

定义 2.1 按照一定顺序排列的一列数依次记为 $x_1, x_2, \cdots, x_n, \cdots$, 称为**数列**, 简记为 $\{x_n\}$, 记第 n 项为 x_n 并称为**通项**或**一般项**.

数列 $\{x_n\}$ 也可以看成是定义在正整数集合上的函数, $x_n = f(n), n = 1, 2, 3, \cdots$.

对于一个给定的数列 $\{x_n\}$, 重要的是研究数列的变化趋势, 尤其是, 当 n 无限增大时, 它的通项 x_n 的变化趋势. 为了研究数列的变化趋势, 先看看下面的两个引例.

引例 2.1 (芝诺悖论) 乌龟和兔子赛跑, 乌龟在兔子前面 100m, 兔子的速度是乌龟的 10 倍, 问兔子能否追上乌龟?

芝诺认为: 兔子跑完 100m 时, 乌龟已前进 10m; 当兔子跑完了这 10m 时, 乌龟又前进了 1m; 当兔子又跑完这 1m 时, 乌龟又前进了 0.1m; 如此下去, 龟兔的距离构成一个数列:

$$100, 10, 1, \frac{1}{10}, \frac{1}{100}, \cdots, \frac{1}{10^{n-1}}, \cdots \text{ 或 } \left\{\frac{1}{10^{n-1}}\right\},$$

这样兔子岂不是永远追不上乌龟了吗? 事实上, 此数列的通项趋于零, 在这个过程中, 兔子追上了乌龟.

引例 2.2 战国时期哲学家庄周所著的《庄子·天下篇》引用过一句话: "一尺之棰, 日取其半, 万世不竭", 也就是说一根一尺长的木棒, 每天截去一半, 这样的过程可以一直无限制地进行下去, 将每天截出的木棒排成一列, 其长度组成的数列为:

$$\frac{1}{2}, \quad \frac{1}{4}, \quad \frac{1}{8}, \cdots, \frac{1}{2^n} \text{ 或 } \left\{\frac{1}{2^n}\right\},$$

随着 n 无限地增加, 截出的木棒的长度也趋于零.

上述的两个引例具有一个共同的特征: 随着自变量 n 的无限增大, 因变量 $f(x)$ 无限趋向于一个有限常数 A, 则称 A 为数列 $\{x_n\}$ 的极限, 记作: $\lim\limits_{n \to \infty} x_n = A$ 或 $x_n \to A(n \to \infty)$, 如果一个数列 $\{x_n\}$ 有极限 A, 则称这个数列 $\{x_n\}$ 是收敛数列, 也称数列 $\{x_n\}$ 收敛于 A, 否则就称它是发散数列.

注 收敛数列 $\{x_n\}$ 的特性是: 当 n 无限地增大时, x_n 能无限地接近某一个常数 A, 这就是说: 当 n 无限地增大时, $|x_n - A|$ 无限地接近 0. 发散数列不存在极限.

例 2.1 观察下列数列 $\{x_n\}$ 的极限:

(1) $x_n = \dfrac{n}{n+1}$; (2) $x_n = \dfrac{1}{3^n}$; (3) $x_n = 3n + 1$;

(4) $x_n = (-1)^{n-1}$; (5) $x_n = -5$; (6) $x_n = \dfrac{1}{2n}$.

解 观察数列在 $n \to \infty$ 时的变化趋势得:

(1) 当 n 依次取 $1, 2, \cdots$ 正整数时, 数列 $\left\{\dfrac{n}{n+1}\right\}$ 的各项依次为

$$\frac{1}{2}, \frac{2}{3}, \cdots, \frac{n}{n+1}, \cdots,$$

所以极限 $\lim\limits_{n \to \infty} \dfrac{n}{n+1} = 1$.

(2) 当 n 依次取 $1, 2, \cdots$ 正整数时, 数列 $\left\{\dfrac{1}{3^n}\right\}$ 的各项依次为

$$\frac{1}{3}, \frac{1}{9}, \frac{1}{27}, \cdots, \frac{1}{3^n}, \cdots,$$

所以极限 $\lim\limits_{n \to \infty} \dfrac{1}{3^n} = 0$.

一般地, 任何一个等比数列 $\{q^n\} \, (|q| < 1)$ 的极限都为零, 即

$$\lim_{n \to \infty} q^n = 0 \quad (|q| < 1).$$

(3) 当 n 依次取 $1, 2, \cdots$ 正整数时, 数列 $\{3n + 1\}$ 的各项依次为

$$4, 7, 10, \cdots, 3n + 1, \cdots,$$

所以极限 $\lim\limits_{n \to \infty} (3n + 1)$ 不存在.

(4) 当 n 依次取 $1, 2, \cdots$ 正整数时, 数列 $\{(-1)^{n-1}\}$ 的各项依次为

$$1, -1, 1, -1, \cdots, (-1)^{n-1}, \cdots,$$

所以极限 $\lim\limits_{n \to \infty} (-1)^{n-1}$ 不存在.

(5) 当 n 依次取 $1, 2, \cdots$ 正整数时, 这个数列的各项都是 -5, 所以 $\lim\limits_{n \to \infty} (-5) = -5$.

一般地, 任何一个常数列 $\{C\}$ 的极限就是这个常数列本身, 即: $\lim\limits_{n \to \infty} C = C$, C 为常数.

(6) 当 n 依次取 $1, 2, \cdots$ 正整数时, 数列 $\left\{\dfrac{1}{2n}\right\}$ 的各项依次为

$$\frac{1}{2}, \frac{1}{4}, \frac{1}{6}, \cdots, \frac{1}{2n}, \cdots,$$

所以 $\lim\limits_{n \to \infty} \dfrac{1}{2n} = 0$.

2.2　数列极限的基本性质

定理 2.1 (唯一性)　若数列 $\{x_n\}$ 有极限, 则极限必唯一.

定理 2.2　假设一个数列 $\{x_n\}$ 有极限, 则它添加或减少有限项, 不影响其极限是否存在, 也不影响其极限值.

例如, 数列

$$2, \frac{3}{2}, \cdots, \frac{n+1}{n}, \cdots, \tag{2.1}$$

在前面增加两项可得新的数列:

$$1000, 100, 2, \frac{3}{2}, \cdots, \frac{n+1}{n}, \cdots, \tag{2.2}$$

同样, 数列 (2.1) 若去掉前两项可得新的数列:

$$\frac{5}{4}, \cdots, \frac{n+1}{n}, \cdots, \tag{2.3}$$

可以证明, 上述三个数列都是极限为 1 的数列.

数列 $\{x_n\}$ 的极限是否存在与前面有限项无关.

因为数列 $\{x_n\}$ 也可以看作是定义在正整数集上的函数, 所以根据函数的有界性定义, 我们可以给出数列 $\{x_n\}$ 有界性的定义如下:

定义 2.2　对于数列 $\{x_n\}$, 若存在正数 M, 使得对于一切 x_n 都满足不等式

$$|x_n| \leqslant M,$$

则称数列 $\{x_n\}$ 是**有界**的; 若这样的正数 M 不存在, 就说数列 $\{x_n\}$ 是**无界**的.

定理 2.3　如果数列 $\{x_n\}$ 收敛, 那么数列 $\{x_n\}$ 一定有界.

思考: 有界的数列一定收敛吗? 为什么?

答案是: 不一定. 例如, 数列 $\{(-1)^{n-1}\}$, $\left\{\sin\frac{n\pi}{2}\right\}$ 都是有界数列, 但, 都是发散的.

注　有界性只是数列收敛的必要条件, 而非充分条件.

推论 2.1　若数列 $\{x_n\}$ 无界, 则数列 $\{x_n\}$ 一定发散.

定理 2.4　单调有界数列必有极限.

定义 2.3　在数列 $\{x_n\}$ 中任意抽取无限多项并保持这些项在原数列 $\{x_n\}$ 中的先后次序, 这样得到的一个数列是原数列 $\{x_n\}$ 的子数列 (或子列).

定义 2.4　设在数列 $\{x_n\}$ 中, 第一次取 x_{n_1}, 第二次在 x_{n_1} 后抽取 x_{n_2}, 第三次在 x_{n_2} 后抽取 $x_{n_3}, \cdots$, 这样无休止地取下去, 得到一个数列

$$x_{n_1}, x_{n_2}, x_{n_3}, \cdots, x_{n_k}, \cdots,$$

这个数列 $\{x_{n_k}\}$ 就是数列 $\{x_n\}$ 的一个子数列.

例如, 数列

$$\{x_n\} = \{(-1)^{n-1}\} = \{1, -1, 1, -1, 1, \cdots, (-1)^{n-1}, \cdots\}$$

有子数列

$$\{x_{2n-1}\} = \{1, \cdots, 1, \cdots\};$$

$$\{x_{2n}\} = \{-1, \cdots, -1, \cdots\}.$$

定理 2.5 如果数列 $\{x_n\}$ 收敛于 A, 那么它的任一子数列也收敛, 且极限也是 A.

注 该定理常用来反证某一数列的发散性.

例如, 对数列 $\{x_n\} = \left\{(-1)^{n-1}\right\}$, 当 $n \to \infty$ 时,

$$x_{2n-1} \to 1,$$

而

$$x_{2n} \to -1,$$

故数列 $\{x_n\}$ 发散.

1. 基本运算法则

定理 2.6 数列极限的四则运算法则: 设 $\lim\limits_{n\to\infty} x_n$ 和 $\lim\limits_{n\to\infty} y_n$ 都存在, c 是常数, 则

(1) $\lim\limits_{n\to\infty} (x_n + y_n) = \lim\limits_{n\to\infty} x_n + \lim\limits_{n\to\infty} y_n$;

(2) $\lim\limits_{n\to\infty} (x_n y_n) = \lim\limits_{n\to\infty} x_n \lim\limits_{n\to\infty} y_n$;

(3) $\lim\limits_{n\to\infty} (c x_n) = c \lim\limits_{n\to\infty} x_n$;

(4) $\lim\limits_{n\to\infty} \left(\dfrac{x_n}{y_n}\right) = \dfrac{\lim\limits_{n\to\infty} x_n}{\lim\limits_{n\to\infty} y_n}$ (若 $\lim\limits_{n\to\infty} y_n \neq 0$).

例 2.2 利用 $\lim\limits_{n\to\infty} \left(1 + \dfrac{1}{n}\right)^n = \mathrm{e}$ 求下列极限:

(1) $\lim\limits_{n\to\infty} \left(1 + \dfrac{1}{n}\right)^{n-1}$; (2) $\lim\limits_{n\to\infty} \left(1 + \dfrac{1}{n+1}\right)^n$.

解 (1) $\lim\limits_{n\to\infty} \left(1 + \dfrac{1}{n}\right)^{n-1} = \lim\limits_{n\to\infty} \dfrac{\left(1 + \dfrac{1}{n}\right)^n}{\left(1 + \dfrac{1}{n}\right)} = \dfrac{\lim\limits_{n\to\infty} \left(1 + \dfrac{1}{n}\right)^n}{\lim\limits_{n\to\infty} \left(1 + \dfrac{1}{n}\right)} = \mathrm{e}$;

(2) $\lim\limits_{n\to\infty} \left(1 + \dfrac{1}{n+1}\right)^n = \lim\limits_{n\to\infty} \dfrac{\left(1 + \dfrac{1}{n+1}\right)^{n+1}}{\left(1 + \dfrac{1}{n+1}\right)} = \dfrac{\lim\limits_{n\to\infty} \left(1 + \dfrac{1}{n+1}\right)^{n+1}}{\lim\limits_{n\to\infty} \left(1 + \dfrac{1}{n+1}\right)} = \mathrm{e}.$

例 2.3 求 $\lim\limits_{n\to\infty} \dfrac{4n^3 + 2n + 1}{5n^3 + 7n^2 + 6n + 2}$.

解　$\lim\limits_{n\to\infty}\dfrac{4n^3+2n+1}{5n^3+7n^2+6n+2}=\lim\limits_{n\to\infty}\dfrac{4+\dfrac{2}{n^2}+\dfrac{1}{n^3}}{5+\dfrac{7}{n}+\dfrac{6}{n^2}+\dfrac{2}{n^3}}=\dfrac{\lim\limits_{n\to\infty}\left(4+\dfrac{2}{n^2}+\dfrac{1}{n^3}\right)}{\lim\limits_{n\to\infty}\left(5+\dfrac{7}{n}+\dfrac{6}{n^2}+\dfrac{2}{n^3}\right)}$

$$=\frac{\lim\limits_{n\to\infty}4+\lim\limits_{n\to\infty}\dfrac{2}{n^2}+\lim\limits_{n\to\infty}\dfrac{1}{n^3}}{\lim\limits_{n\to\infty}5+\lim\limits_{n\to\infty}\dfrac{7}{n}+\lim\limits_{n\to\infty}\dfrac{6}{n^2}+\lim\limits_{n\to\infty}\dfrac{2}{n^3}}$$

$$=\frac{4}{5}.$$

例 2.4　求极限 $\lim\limits_{n\to\infty}\dfrac{1+2+3+\cdots+n}{3n^2}$.

解　因为 $1+2+3+\cdots+n=\dfrac{n(n+1)}{2}$, 所以

$$\lim\limits_{n\to\infty}\frac{1+2+3+\cdots+n}{3n^2}=\lim\limits_{n\to\infty}\frac{n(n+1)}{6n^2}=\lim\limits_{n\to\infty}\frac{n+1}{6n}=\frac{1}{6}.$$

例 2.5　试问下面的解题方法是否成立: 求 $\lim\limits_{n\to\infty}3^n$.

解　设 $x_n=3^n$ 及 $\lim\limits_{n\to\infty}x_n=a$, 由于

$$x_n=3x_{n-1},$$

两边取极限 $n\to\infty$ 得

$$a=3a,$$

所以 $a=0$.

答案　不正确. 因为极限 $\lim\limits_{n\to\infty}3^n$ 是否存在还不知道, 其实极限 $\lim\limits_{n\to\infty}3^n$ 不存在, 所以设 $\lim\limits_{n\to\infty}3^n=a$ 是错误的, 导致上述解答过程也是不正确的.

习　题　2

1. 判断下面的数列是否为有界数列:

(1) $\left\{\dfrac{4n}{5n-1}\right\}$;　　　　(2) $\left\{\dfrac{n+1}{n^2+1}\right\}$;　　　　(3) $\{3^n\}$.

2. 求下列数列的极限:

(1) $\lim\limits_{n\to\infty}\dfrac{2n^2-1}{3n^2}$;　　　　(2) $\lim\limits_{n\to\infty}\dfrac{3^n-2^n}{3^n+2^n}$;

(3) $\lim\limits_{n\to\infty}\dfrac{1+3n}{2n^2}$;　　　　(4) $\lim\limits_{n\to\infty}\left(1+\dfrac{1}{n}\right)^{3n}$;

(5) $\lim\limits_{n\to\infty}\dfrac{1}{3^n}$;　　　　(6) $\lim\limits_{n\to\infty}\left(\sqrt{n^2+2n}-n\right)$.

3. 设数列 $\{a_n\}$ 与 $\{b_n\}$ 中一个是收敛数列, 一个是发散数列, 证明 $\{a_n\pm b_n\}$ 为发散数列.

模块3
函数的极限

3.1 函数极限的定义

通过数列极限的学习, 我们应该有一种基本的观念: "极限是用来研究变量的变化过程的, 它是通过变化的过程来把握变化的结果." 例如, 数列 $\{x_n\}$ 即是研究当 $n \to \infty$ 时, $\{x_n\}$ 的变化趋势.

从函数的角度看, 数列 $\{x_n\}$ 可以看作是自变量取正整数值的函数 $x_n = f(n)$, 因此数列极限 $\lim\limits_{n \to \infty} x_n = A$ 可以写成 $\lim\limits_{n \to \infty} f(n) = A$. 这时 A 就看作自变量取正整数值的函数 $f(n)$ 当 $n \to \infty$ 时的极限, 因此, 相对于数列的极限, 本模块的内容也可称为连续自变量函数的极限. 下面先给出邻域的概念.

定义 3.1 以 x_0 为中心的任何开区间称为 x_0 的邻域, 记作 $U(x_0)$. 设 δ 是一个正数, 则称开区间 $(x_0 - \delta, x_0 + \delta)$ 为 x_0 的 δ 邻域, 记作 $U(x_0, \delta)$, 即

$$U(x_0, \delta) = \{x \mid x_0 - \delta < x < x_0 + \delta\} = (x_0 - \delta, x_0 + \delta),$$

其中 x_0 称为邻域的中心, δ 称为邻域的半径, 还可以定义去心邻域 $U^0(x_0, \delta)$, 如: $U^0(x_0, \delta) = \{x \mid 0 < |x - x_0| < \delta\}$.

函数 $f(x) = \dfrac{1}{x}$, 当 $|x|$ 无限增大时, 函数值无限地接近于 0, 根据数列极限的定义, 可以得到:

定义 3.2 如果当 x 的绝对值无限增大时, 函数值 $f(x)$ 无限接近于某一个确定常数 A, 那么 A 就叫做函数 $f(x)$ 在 $x \to \infty$ 时的极限, 记作

$$\lim_{x \to \infty} f(x) = A \quad \text{或者} \quad f(x) \to A \quad (x \to \infty).$$

在上面函数的定义中, 自变量 x 的绝对值无限增大指的是: x 既可以取正值, 也可以取负值, 但其绝对值是无限增大的.

定义 3.3 如果当 x 仅取正值 (或仅取负值) 而绝对值无限增大, 即 $x \to +\infty$(或 $x \to -\infty$), 函数值 $f(x)$ 无限接近于某一个确定常数 A, 那么 A 就叫做函数 $f(x)$ 在 $x \to +\infty$(或 $x \to -\infty$) 时的极限, 记作

$$\lim_{x \to +\infty} f(x) = A \quad (\text{或} \lim_{x \to -\infty} f(x) = A) \quad \text{或者} \quad f(x) \to A \quad (x \to +\infty).$$

定理 3.1　$\lim\limits_{x \to \infty} f(x) = A$ 的充要条件是 $\lim\limits_{x \to +\infty} f(x) = \lim\limits_{x \to -\infty} f(x) = A$.

例 3.1　讨论下列函数当 $x \to \infty$ 时的极限:

(1) $y = \dfrac{2}{x}$; (2) $y = 3^x$; (3) $y = \arctan x$.

解　(1) 由反比例函数的图形及性质可知, 当 $|x|$ 无限增大时, $\dfrac{2}{x}$ 无限地接近于 0, 所以 $\lim\limits_{x \to \infty} \dfrac{2}{x} = 0$.

(2) 由指数函数的图形及性质可知, 当 $x \to +\infty$ 时, 3^x 无限增大, 但是当 $x \to -\infty$ 时, $\lim\limits_{x \to -\infty} 3^x = 0$, 所以 $\lim\limits_{x \to \infty} 3^x$ 不存在.

(3) 由反正切函数的图形及性质可知,

$$\lim_{x \to +\infty} \arctan x = \frac{\pi}{2}, \quad \lim_{x \to -\infty} \arctan x = -\frac{\pi}{2},$$

所以 $\lim\limits_{x \to -\infty} \arctan x$ 不存在.

下面, 我们来考察当 $x \to x_0$ 时, 函数 $f(x)$ 的极限, 先看一个例子:

例 3.2　当 $x \to 2$ 时, 观察函数 $f(x) = x + 2$ 和 $g(x) = \dfrac{x^2 - 4}{x - 2}$ 的图像变化趋势图 3.1 和图 3.2.

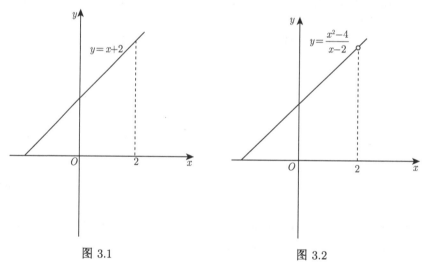

图 3.1　　　　　　　　　　　　图 3.2

当 $x \to 2$ 时, 函数 $f(x) = x + 2$ 和 $g(x) = \dfrac{x^2 - 4}{x - 2}$ 都无限接近于 4; 但是函数 $f(x) = x + 2$ 和 $g(x) = \dfrac{x^2 - 4}{x - 2}$ 是两个不同的函数, 其区别在于函数 $f(x) = x + 2$ 在 $x = 2$ 处有定义, 而函数 $g(x) = \dfrac{x^2 - 4}{x - 2}$ 在 $x = 2$ 处无定义.

这可以说明, 当 $x \to 2$ 时, 函数 $f(x) = x + 2$, $g(x) = \dfrac{x^2 - 4}{x - 2}$ 的极限是否存在与其在 $x = 2$ 处是否有定义无关.

即: 函数 $y = f(x)$ 的极限在点 $x = x_0$ 处是否存在与其在该点是否有定义无关.

定义 3.4 设函数 $f(x)$ 在点 x_0 的某一去心邻域内有定义 (在 $x = x_0$ 处可以无定义), 如果当 x 无限接近于定值 x_0, 即当 $x \to x_0$ 时, 函数 $f(x)$ 无限地接近一个确定的常数 A, 那么 A 就叫做函数 $f(x)$ 当 $x \to x_0$ 时的极限, 记作

$$\lim_{x \to x_0} f(x) = A \quad \text{或者} \quad f(x) \to A \quad (x \to x_0).$$

由上面的定义可得

$$\lim_{x \to x_0} C = C \quad (C\text{为常数}), \quad \lim_{x \to x_0} x = x_0.$$

接下来, 再来看当 $x \to x_0$ 时, 函数 $f(x)$ 的左极限和右极限. 将从 x_0 的左侧 (即小于 x_0 的方向) 无限地接近于 x_0 记作

$$x \to x_0^- \quad \text{或} \quad x \to x_0 - 0,$$

从 x_0 的右侧 (即大于 x_0 的方向) 无限地接近于 x_0 记作

$$x \to x_0^+ \quad \text{或} \quad x \to x_0 + 0,$$

则 $x \to x_0 \Leftrightarrow x \to x_0^-$ 且 $x \to x_0^+$.

由上面极限的定义可以相应地给出 $x \to x_0^-$ 或 $x \to x_0^+$ 时的定义:

定义 3.5 如果 $x \to x_0^+$ 时函数 $f(x)$ 无限地接近于一个确定的常数 A, 那么 A 就叫做函数 $f(x)$ 当 $x \to x_0^+$ 时的**右极限**, 记作

$$\lim_{x \to x_0^+} f(x) = A \quad \text{或} \quad f(x_0 + 0) = A.$$

如果 $x \to x_0^-$ 时函数 $f(x)$ 无限地接近于一个确定的常数 A, 那么 A 就叫做函数 $f(x)$ 当 $x \to x_0^-$ 时的**左极限**, 记作

$$\lim_{x \to x_0^-} f(x) = A \quad \text{或} \quad f(x_0 - 0) = A.$$

左极限与右极限统称为单侧极限, 并且由左、右极限的定义可得其关系:

定理 3.2 $\lim\limits_{x \to x_0} f(x) = A \Leftrightarrow \lim\limits_{x \to x_0^+} f(x) = A$ 且 $\lim\limits_{x \to x_0^-} f(x) = A$.

例 3.3 讨论函数当 $x \to 0$ 时的极限

(1) $f(x) = \begin{cases} x + 2, & x \geqslant 0, \\ 2 - x, & x < 0; \end{cases}$ (2) $f(x) = \operatorname{sgn}(x) = \begin{cases} 1, & x > 0, \\ 0, & x = 0, \\ -1, & x < 0. \end{cases}$

解 (1) 因为

$$\lim_{x \to 0^+} f(x) = \lim_{x \to 0^+} (x + 2) = \lim_{x \to 0^+} 2 = 2, \quad \lim_{x \to x0^-} f(x) = \lim_{x \to x0^-} (2 - x) = \lim_{x \to x0^-} (2 - 0) = 2,$$

所以 $\lim\limits_{x \to 0} f(x) = 2$.

(2) 因为

$$\lim_{x\to 0^+} f(x) = \lim_{x\to 0^+} \operatorname{sgn}(x) = \lim_{x\to 0^+} 1 = 1, \quad \lim_{x\to x0^-} f(x) = \lim_{x\to x0^-} \operatorname{sgn}(x) = \lim_{x\to x0^+} -1 = -1,$$

所以 $\lim\limits_{x\to 0} f(x)$ 不存在.

为了便于以后的学习, 下面给出两个比较重要的极限.

第一个重要的极限:

$$\lim_{x\to 0} \frac{\sin x}{x} = 1.$$

第二个重要极限:

$$\lim_{x\to 0} \left(1 + \frac{1}{x}\right)^x = \mathrm{e} \quad \text{或} \quad \lim_{x\to\infty} (1+x)^{\frac{1}{x}} = \mathrm{e}.$$

3.2　基本性质与运算法则

3.2.1　函数极限的基本性质

定理 3.3(唯一性)　若 $\lim\limits_{x\to x_0} f(x)$ 存在, 则极限必唯一.

定理 3.4(局部有界性)　若 $\lim\limits_{x\to x_0} f(x) = A$, 则存在常数 $M > 0$ 和 $\delta > 0$, 使得当 $0 < |x - x_0| < \delta$ 时, 有 $|f(x)| \leqslant M$.

定理 3.5(局部保号性)　若 $\lim\limits_{x\to x_0} f(x) = A$, 且 $A > 0$(或 $A < 0$), 存在常数 $\delta > 0$, 使得当 $0 < |x - x_0| < \delta$ 时, 有 $f(x) > 0$(或 $f(x) < 0$).

3.2.2　函数极限的四则运算

定理 3.6　在自变量的同一变化过程中, 若 $\lim f(x) = A$, $\lim g(x) = B$, 则

(1) $\lim [f(x) \pm g(x)] = \lim f(x) \pm \lim g(x) = A \pm B$;

(2) $\lim [f(x)g(x)] = \lim f(x) \lim g(x) = AB$;

(3) $\lim \dfrac{f(x)}{g(x)} = \dfrac{\lim f(x)}{\lim g(x)} = \dfrac{A}{B}$　(当 $B \neq 0$ 时).

注　符号 $\lim$ 表示的是某一个极限过程, 如果没有特别说明, 表示的是同一个过程.

推论 3.1　若 $\lim f(x) = A$, k 为常数, 则有 $\lim k f(x) = k \lim f(x) = kA$.

推论 3.2　若 $\lim f(x) = A$, n 为正整数, 则有 $\lim [f(x)]^n = [\lim f(x)]^n = A^n$.

注　在使用这些法则时, 必须满足下面的条件: (a) 参与运算的每个极限都存在; (b) 分母的极限不为零.

例 3.4　求 $\lim\limits_{x\to 2} \dfrac{x^3 - 1}{x^2 - 6x + 3}$.

解　$\lim\limits_{x\to 2} \dfrac{x^3 - 1}{x^2 - 6x + 3} = \dfrac{\lim\limits_{x\to 2}(x^3 - 1)}{\lim\limits_{x\to 2}(x^2 - 6x + 3)} = \dfrac{\lim\limits_{x\to 2} x^3 - 1}{\lim\limits_{x\to 2} x^2 - \lim\limits_{x\to 2} 6x + 3} = -\dfrac{7}{5}$.

一般地, 如果 $a_0 \neq 0, b_0 \neq 0, m, n$ 为非负整数, 则有

$$\lim_{x \to \infty} \frac{a_0 x^m + a_1 x^{m-1} + \cdots + a_m}{b_0 x^n + b_1 x^{n-1} + \cdots + b_n} = \begin{cases} 0, & m < n, \\ \dfrac{a_0}{b_0}, & m = n, \\ \text{不存在}, & m > n. \end{cases}$$

习 题 3

1. 根据函数的图像, 求下列极限:

(1) $\lim\limits_{x \to \infty} (-3)$;

(2) $\lim\limits_{x \to \infty} \dfrac{1}{2x}$;

(3) $\lim\limits_{x \to -\infty} 2^x$;

(4) $\lim\limits_{x \to 0} \sin x$;

(5) $\lim\limits_{x \to 0} \arccos x$;

(6) $\lim\limits_{x \to 1} \ln x$.

2. 求下列函数的极限:

(1) $\lim\limits_{x \to 1} (x^2 + 2x - 5)$;

(2) $\lim\limits_{x \to 3} \dfrac{x^2 - 9}{x - 3}$;

(3) $\lim\limits_{x \to 1} \left(\dfrac{2}{1 - x^3} - \dfrac{1}{1 - x} \right)$;

(4) $\lim\limits_{x \to \infty} \left(1 + \dfrac{1}{x} \right) \left(2 + \dfrac{1}{x^2} \right)$;

(5) $\lim\limits_{x \to 0} \dfrac{\sin x}{3x}$;

(6) $\lim\limits_{x \to 0} \dfrac{1 - \cos x}{4x^2}$;

(7) $\lim\limits_{x \to 0} \dfrac{\sqrt{1 - x} - 1}{x}$;

(8) $\lim\limits_{x \to 0} \ln \dfrac{x}{\sin x}$.

3. 设函数 $f(x) = \begin{cases} 2, & x < 0, \\ x - 3, & x \geqslant 0, \end{cases}$ 讨论 $\lim\limits_{x \to 0} f(x)$ 是否存在.

4. 求函数 $f(x) = \dfrac{x}{|x|}$ 当 $x \to 0$ 时的左、右极限, 并说明其极限是否存在.

模块 4

无穷小量和无穷大量

4.1　无穷小量的定义

定义 4.1　如果函数 $f(x)$ 当 $x \to x_0$(或 $x \to \infty$) 时的极限为零, 那么称函数 $f(x)$ 为 $x \to x_0$(或 $x \to \infty$) 时的无穷小量.

例如, 当 $x \to 0$ 时, 有 $\sin x \to 0$, 则称当 $x \to 0$ 时, 函数 $f(x) = \sin x$ 是无穷小量; 当 $x \to 0$ 时, 有 $x^2 \to 0$, 则称当 $x \to 0$ 时, 函数 $f(x) = x^2$ 是无穷小量.

注　(1) 对于极限过程 $x \to x_0^+$, $x \to x_0^-$, $x \to +\infty$, $x \to -\infty$ 有类似的定义;

(2) 当说明一个函数是无穷小量时, 必须指明其变化趋势, 例如, 函数 $f(x) = (2-x)^3$, 当 $x \to 2$ 时, 其为无穷小量, 但是当 x 趋于其他值时, 就不是无穷小量, 如 $x \to 1$ 时, $f(x) = (2-x)^3 \to 1$.

4.2　无穷小量的基本性质

在自变量为同一变化过程中, 无穷小量的运算性质.

性质 4.1　有限个无穷小量的和仍是无穷小量.

性质 4.2　有界量与无穷小量的乘积仍是无穷小量.

性质 4.3　常数与无穷小量的乘积仍是无穷小量.

性质 4.4　有限个无穷小量之积仍是无穷小量.

注　(1) 无限个无穷小量之和不一定是无穷小量. 例如

$$\lim_{n \to \infty} \left(\frac{1}{n^2} + \frac{2}{n^2} + \cdots + \frac{n}{n^2} \right) = \lim_{n \to \infty} \frac{n(n+1)}{2n^2} = \frac{1}{2}.$$

(2) 两个无穷小量的和、差、积仍是无穷小量, 但是其商不一定是无穷小量. 例如, $\lim\limits_{x \to 0} \dfrac{\sin x}{x} = 1$.

例 4.1　求极限 $\lim\limits_{x \to 0} x^2 \sin \dfrac{1}{x}$.

解　因为当 $x \to 0$ 时, x^2 是无穷小量, 且对于一切的 $x \neq 0$, 有 $\left| \sin \dfrac{1}{x} \right| \leqslant 1$, 即 $\sin \dfrac{1}{x}$ 是有界函数, 所以 $x^2 \sin \dfrac{1}{x}$ 是当 $x \to 0$ 时的无穷小量, 即:

$$\lim_{x \to 0} x^2 \sin \frac{1}{x} = 0.$$

4.3　无穷小量的比较

两个无穷小量的和、差、积仍是无穷小量, 而其商有不同的情况. 两个无穷小量其商的极限的各种情况, 反映了不同的无穷小量趋向于零的快慢程度.

定义 4.2　如果 $\lim \dfrac{f(x)}{g(x)} = 0$, 那么称 $f(x)$ 是 $g(x)$ 的高阶无穷小量, 记作 $f(x) = o(g(x))$, 也可以称 $g(x)$ 是 $f(x)$ 的低阶无穷小量; 如果 $\lim \dfrac{f(x)}{g(x)} = c \neq 0$, 那么称 $f(x)$ 是 $g(x)$ 的同阶无穷小量; 如果 $\lim \dfrac{f(x)}{g(x)} = 1$, 那么称 $f(x)$ 是 $g(x)$ 的等阶无穷小量, 记作 $f(x) \sim g(x)$, 这里 $f(x), g(x)$ 均为此极限过程中的无穷小量.

例如, (1) 因为 $\lim\limits_{x \to 0} \dfrac{x^3}{2x^2} = \lim\limits_{x \to 0} \dfrac{x}{2} = 0$, 所以当 $x \to 0$ 时 x^3 是 $2x^2$ 的高阶无穷小量, 记作: $x^3 = o(2x^2)\,(x \to 0)$;

(2) 因为 $\lim\limits_{x \to 0} \dfrac{x^2}{2x^2} = \lim\limits_{x \to 0} \dfrac{1}{2} = \dfrac{1}{2}$, 所以当 $x \to 0$ 时 x^2 是 $2x^2$ 的同阶无穷小量.

当 $x \to 0$ 时, 常见的等价无穷小量:

$$\sin x \sim x, \quad \tan x \sim x, \quad \arcsin x \sim x, \quad \arctan x \sim x;$$

$$\mathrm{e}^x - 1 \sim x; \quad \ln(1+x) \sim x; \quad 1 - \cos x \sim \frac{x^2}{2}; \quad \sqrt[n]{1+x} - 1 \sim \frac{1}{n}x.$$

定理 4.1 (等价无穷小的代换)　设在自变量的同一变化过程中, $f(x)$ 和 $g(x)$ 均为无穷小量, 且 $f(x) \sim g(x)$, 则

(1) 若 $\lim f(x)h(x) = A$, 则 $\lim g(x)h(x) = A$;

(2) 若 $\lim \dfrac{h(x)}{f(x)} = B$, 则 $\lim \dfrac{h(x)}{g(x)} = B$.

例 4.2　求 $\lim\limits_{x \to 0} \dfrac{1 - \cos x}{x^2}$.

解　$\lim\limits_{x \to 0} \dfrac{1 - \cos x}{x^2} = \dfrac{\lim\limits_{x \to 0}(1 - \cos x)}{\lim\limits_{x \to 0} x^2} = \dfrac{\lim\limits_{x \to 0} 2\sin^2\left(\dfrac{x}{2}\right)}{\lim\limits_{x \to 0} x^2} = \dfrac{\lim\limits_{x \to 0} \dfrac{x^2}{2}}{\lim\limits_{x \to 0} x^2} = \dfrac{1}{2}.$

例 4.3　求 $\lim\limits_{x \to 0} \dfrac{\tan x}{\sin 4x}$.

解　因为 $\tan x \sim x\,(x \to 0)$, $\sin 4x \sim 4x\,(x \to 0)$, 所以

$$\lim_{x \to 0} \frac{\tan x}{\sin 4x} = \lim_{x \to 0} \frac{x}{4x} = \frac{1}{4}.$$

例 4.4　求 $\lim\limits_{x \to 0} \dfrac{x^2 + 3x}{\sin x}$.

解　因为 $\sin x \sim x$, 所以

$$\lim_{x \to 0} \frac{x^2 + 3x}{\sin x} = \lim_{x \to 0} \frac{x^2 + 3x}{x} = \lim_{x \to 0}(x + 3) = 3.$$

4.4　无穷大量的定义

定义 4.3　如果 $x \to x_0$(或 $x \to \infty$) 时, 函数 $f(x)$ 的绝对值 $|f(x)|$ 无限增大, 则称 $f(x)$ 为当 $x \to x_0$(或 $x \to \infty$) 时的**无穷大量**, 记为

$$\lim_{x \to x_0} f(x) = \infty \quad (\text{或} \lim_{x \to \infty} f(x) = \infty).$$

注　(1) 对于 $x \to x_0^+$, $x \to x_0^-$, $x \to +\infty$, $x \to -\infty$ 有类似的定义.

(2) 无穷大量并不是绝对值很大的数, 任何一个实数都不是无穷大量.

思考　无穷大量与无界量有什么区别?

4.5　无穷大量与无穷小量之间的关系

定理 4.2　在自变量的同一变化过程中, 如果 $\lim f(x) = \infty$, 那么 $\lim \dfrac{1}{f(x)} = 0$; 反之, 如果 $\lim f(x) = 0$ 且 $f(x) \neq 0$, 那么 $\lim \dfrac{1}{f(x)} = \infty$.

简而言之, 无穷大量的倒数是无穷小量, 非零无穷小量的倒数是无穷大量.

例 4.5　求 $\lim\limits_{x \to \infty} \dfrac{x^3 + 2x - 10}{x - 5}$.
因为

解　$\lim\limits_{x \to \infty} \dfrac{x - 5}{x^3 + 2x - 10} = \dfrac{\lim\limits_{x \to \infty}(x - 5)}{\lim\limits_{x \to \infty}(x^3 + 2x - 10)} = \dfrac{\lim\limits_{x \to \infty}\left(\dfrac{1}{x^2} - \dfrac{5}{x^3}\right)}{\lim\limits_{x \to \infty}\left(1 + \dfrac{2}{x^2} - \dfrac{10}{x^3}\right)} = 0,$

所以

$$\lim_{x \to \infty} \frac{x^3 + 2x - 10}{x - 5} = \infty.$$

习　题　4

1. 判断下列函数哪些是无穷小量, 哪些是无穷大量, 并说明理由:

(1) $f(x) = \dfrac{1}{x^3}$　$(x \to 0)$;

(2) $f(x) = \dfrac{\sin x}{x}$　$(x \to \infty)$;

(3) $f(x) = \mathrm{e}^{-x}$　$(x \to +\infty)$;

(4) $f(x) = x^2 \cos \dfrac{2}{x}$　$(x \to \infty)$.

2. 利用等价无穷小量代换求下列极限:

(1) $\lim\limits_{x \to 0} \left(\dfrac{1}{\tan x} - \dfrac{1}{\sin x} \right)$;

(2) $\lim\limits_{x \to 0} \dfrac{\mathrm{e}^{2x} - 1}{\ln(x + 1)}$;

(3) $\lim\limits_{x \to 0} \dfrac{1 - \cos 2x}{x \sin x}$;

(4) $\lim\limits_{x \to 0} x^2 \sin \dfrac{1}{x^2}$.

3. 求下列函数的极限:

(1) $\lim\limits_{x \to \infty} \dfrac{2x - 1}{x}$;

(2) $\lim\limits_{x \to 4} \dfrac{x^2 - 6x + 7}{x^2 - 5x + 4}$;

(3) $\lim\limits_{x \to \infty} (x^2 + x - 1)$;

(4) $\lim\limits_{x \to 2} \left(\dfrac{5}{8 - x^3} - \dfrac{1}{x - 2} \right)$;

(5) $\lim\limits_{x \to \infty} \dfrac{x^2 - 6x + 3}{x^3 - 3x + 1}$;

(6) $\lim\limits_{x \to 0} \dfrac{(x + a)^2 - x^2}{x}$ (其中 a 为常数).

4. 若 $\lim\limits_{x \to 0} \dfrac{\sin x}{\mathrm{e}^x - a} (\cos x - b) = 5$, 求 a, b.

5. 当 $x \to 1$ 时, 下列变量与无穷小量 $\pi(x - 1)$ 是否同阶? 是否等价?

(1) $x^3 - 1$;

(2) $\sin(\pi x)$.

模块5
函数的连续性

5.1 函数连续的定义

在许多的实际问题中, 变量的变化往往是连续不断的, 变量的这种变化现象, 体现在函数关系上, 就是函数的连续性. 因此连续函数是我们接触较多的函数, 它反映了自然界各种连续变化现象的一种共同特性.

5.1.1 一元函数的连续性

定义 5.1 设函数 $y = f(x)$ 在 $U(x_0, \delta)$ 内有定义, 当 $x \to x_0$ 时, 函数 $f(x)$ 的极限存在, 而且极限值就是函数 $f(x)$ 在 $x = x_0$ 处的函数值, 即

$$\lim_{x \to x_0} f(x) = f(x_0),$$

则称函数 $y = f(x)$ 在点 $x = x_0$ 处连续.

由定义知, 函数 $y = f(x)$ 在 $x = x_0$ 处连续, 必须满足下面三个条件:

(1) 在 $x = x_0$ 处有定义 (即 $f(x_0)$ 有意义);

(2) 在 $x = x_0$ 处有极限 (即 $\lim_{x \to x_0} f(x)$ 存在);

(3) $\lim_{x \to x_0} f(x) = f(x_0)$.

例 5.1 证明: 函数

$$f(x) = \begin{cases} x \sin \dfrac{1}{x}, & x \neq 0, \\ 0, & x = 0 \end{cases} \quad \text{在点 } x = 0 \text{ 处连续.}$$

证明 显然函数 $f(x)$ 在 $x = 0$ 的邻域内有定义, 再由无穷小量的性质知

$$\lim_{x \to 0} f(x) = \lim_{x \to 0} x \sin \frac{1}{x} = 0,$$

即 $\lim_{x \to 0} f(x) = f(0) = 0$. 所以由函数连续的定义知: $f(x)$ 在 $x = 0$ 处连续.

类似于函数的单侧极限, 有下列定义:

定义 5.2 若 $\lim_{x \to x_0^-} f(x) = f(x_0)$, 则称函数 $y = f(x)$ 在 $x = x_0$ 处左连续.

若 $\lim_{x \to x_0^+} f(x) = f(x_0)$, 则称函数 $y = f(x)$ 在 $x = x_0$ 处右连续.

由左连续、右连续的定义可知函数的连续与左、右连续之间的关系:

定理 5.1 $\lim\limits_{x \to x_0} f(x) = f(x_0)$ 的充要条件是

$$\lim_{x \to x_0^-} f(x) = \lim_{x \to x_0^+} f(x) = f(x_0).$$

函数 $y = f(x)$ 在 $x = x_0$ 处连续当且仅当在 $x = x_0$ 处左、右连续.

定义 5.3 若 $y = f(x)$ 在 (a, b) 内任意一点处连续, 则称 $y = f(x)$ 在 (a, b) 内连续, 如果在 $x = a$ 处右连续、在 $x = b$ 处左连续, 则称函数 $y = f(x)$ 在闭区间 $[a, b]$ 上连续.

注 连续函数的图像是一条连续而没有间断的曲线.

例 5.2 讨论函数 $f(x) = \begin{cases} 1 + \cos x, & x < \dfrac{\pi}{2}, \\ \sin x, & x \geqslant \dfrac{\pi}{2} \end{cases}$ 在 $x = \dfrac{\pi}{2}$ 处的连续性.

解 因为 $f\left(\dfrac{\pi}{2}\right) = \sin\dfrac{\pi}{2} = 1$, 又 $\lim\limits_{x \to \frac{\pi}{2}^+} f(x) = \lim\limits_{x \to \frac{\pi}{2}^+} \sin x = 1$,

$$\lim_{x \to \frac{\pi}{2}^-} f(x) = \lim_{x \to \frac{\pi}{2}^-} (1 + \cos x) = 1,$$

所以 $\lim\limits_{x \to \frac{\pi}{2}} f(x) = f\left(\dfrac{\pi}{2}\right) = 1$, 则函数在点 $x = \dfrac{\pi}{2}$ 处是连续的.

5.2 反函数和复合函数的连续性

定理 5.2 如果函数 $y = f(x)$ 在区间 I_x 上单调递增 (或单调递减) 且连续, 那么它的反函数 $x = f^{-1}(y)$ 在对应区间 $I_y = \{y \mid y = f(x), x \in I_x\}$ 上单调递增 (或单调递减) 且连续.

例 5.3 由于函数 $y = \sin x$ 在区间 $\left[-\dfrac{\pi}{2}, \dfrac{\pi}{2}\right]$ 上单调递增且连续, 所以它的反函数 $y = \arcsin x$ 在区间 $[-1, 1]$ 上也是单调递增且连续的.

定理 5.3 设函数 $y = f(g(x))$ 由函数 $y = f(u)$ 与函数 $u = g(x)$ 复合而成, $U^o(x_0) \subset D_{fog}$, 若 $\lim\limits_{x \to x_o} g(x) = u_0$, 而函数 $y = f(u)$ 在 $u = u_0$ 连续, 则

$$\lim_{x \to x_0} f(g(x)) = \lim_{u \to u_0} f(u) = f(u_0).$$

例 5.4 求 $\lim\limits_{x \to 4} \sqrt{\dfrac{x - 4}{x^2 - 16}}$.

解 $\lim\limits_{x \to 4} \sqrt{\dfrac{x - 4}{x^2 - 16}} = \sqrt{\lim\limits_{x \to 4} \dfrac{x - 4}{x^2 - 16}} = \sqrt{\dfrac{1}{8}} = \dfrac{\sqrt{2}}{4}$.

定理 5.4 设函数 $y = f(g(x))$ 由函数 $y = f(u)$ 与函数 $u = g(x)$ 复合而成, $U(x_0) \subset D_{fog}$, 若函数 $u = g(x)$ 在点 x_0 连续, 函数 $y = f(u)$ 在点 $u_0 = g(x_0)$ 连续, 则复合函数 $y = f(g(x))$ 在点 x_0 也连续.

5.3　函数的间断点

5.3.1　一元函数的间断点

定义 5.4　若函数 $f(x)$ 在点 $x = x_0$ 处不满足连续的条件, 则称 $f(x)$ 在 $x = x_0$ 处为不连续的或间断的, 点 $x = x_0$ 称为 $f(x)$ 的间断点.

由一元函数连续的定义可知, 间断点可能出现的情形如下:

(1) 函数 $f(x)$ 在 $x = x_0$ 处没定义;

(2) 函数 $f(x)$ 虽然在 $x = x_0$ 处有定义, 但是 $\lim\limits_{x \to x_0} f(x)$ 不存在;

(3) 函数 $f(x)$ 虽在 $x = x_0$ 有定义, 且 $\lim\limits_{x \to x_0} f(x)$ 存在, 但是 $\lim\limits_{x \to x_0} f(x) \neq f(x_0)$.

于是可对间断点作出如下的分类:

$$间断点类型\begin{cases} 第一类间断点\begin{cases} 可去间断点\ (左右极限都存在且相等), \\ 跳跃间断点\ (左右极限都存在但不相等), \end{cases} \\ 第二类间断点\ (左右极限至少有一个不存在). \end{cases}$$

例 5.5　函数 $f(x)\begin{cases} x - 1, & x < 0, \\ 0, & x = 0, \\ x + 1, & x > 0 \end{cases}$ 考察 $f(x)$ 在 $x = 0$ 处的连续性.

解　因为 $\lim\limits_{x \to 0^-} f(x) = -1$, $\lim\limits_{x \to 0^+} f(x) = 1$, 所以 $x = 0$ 为跳跃间断点.

5.3.2　初等函数的连续性

可以不加证明地给出如下结论: 一切初等函数在其定义区间内都是连续的. 因此求一元初等函数的连续区间, 就相当于求其定义区间; 对于分段函数的连续性, 除按上述方法考虑每个分段区间的连续性外, 必须讨论分界点的连续性.

例 5.6　求函数 $f(x) = \dfrac{x^2 - x - 2}{x^2 - 3x + 2}$ 的连续区间和间断点, 并指出间断点的类型.

解　将函数恒等变形得

$$f(x) = \frac{x^2 - x - 2}{x^2 - 3x + 2} = \frac{(x - 2)(x + 1)}{(x - 2)(x - 1)},$$

则函数 $f(x)$ 的连续区间即为定义区间为: $(-\infty, 1), (1, 2), (2, +\infty)$, $x = 1$ 和 $x = 2$ 是其两个间断点.

因为 $\lim\limits_{x \to 1} f(x) = \lim\limits_{x \to 1} \dfrac{(x - 2)(x + 1)}{(x - 2)(x - 1)} = \lim\limits_{x \to 1} \dfrac{x + 1}{x - 1} = \infty$, 所以 $x = 1$ 是函数 $f(x)$ 的第二类间断点 (即无穷间断点); 因为 $\lim\limits_{x \to 2} f(x) = \lim\limits_{x \to 2} \dfrac{(x - 2)(x + 1)}{(x - 2)(x - 1)} = \lim\limits_{x \to 2} \dfrac{x + 1}{x - 1} = 3$, 所以 $x = 2$ 是函数 $f(x)$ 的第一类间断点 (即可去间断点).

5.4 闭区间上连续函数的性质

闭区间上的连续函数具有许多整个区间上的特性, 即整体特性, 这些性质对于开区间上的连续函数或闭区间上的非连续函数, 一般是不成立的.

定义 5.5 设函数 $y = f(x)$ 在 I 上有定义, 若存在 $x_0 \in I$, 使得对于一切的 $x \in I$ 都有

$$f(x) \leqslant f(x_0) \quad (或 f(x_0) \leqslant f(x)),$$

则称 $f(x_0)$ 为 $f(x)$ 在 I 上的最大 (小) 值.

定理 5.5 (最大值最小值定理) 若函数 $f(x)$ 在闭区间 $[a,b]$ 上连续, 则 $f(x)$ 在 $[a,b]$ 上有最大值和最小值.

上述定理可以转化为: 在 $[a,b]$ 上至少存在 x_1 和 x_2, 使得对于一切的 $x \in [a,b]$ 都有

$$f(x_1) \leqslant f(x) \leqslant f(x_2),$$

也就是说 $f(x_1)$ 和 $f(x_2)$ 分别是函数 $f(x)$ 在区间 $[a,b]$ 上的最小值和最大值.

推论 5.1 (有界性定理) 如果函数 $f(x)$ 在 $[a,b]$ 上连续, 则 $f(x)$ 在 $[a,b]$ 上有界.

定理 5.6 (介值定理) 设函数 $f(x)$ 在 $[a,b]$ 上连续, 且 $f(a) \neq f(b)$, 则对于介于 $f(a)$ 和 $f(b)$ 之间的任何实数 c, 在 (a,b) 内至少存在一点 ξ, 使得 $f(\xi) = c$.

推论 5.2 闭区间上的连续函数必能取得介于最大值和最小值之间的任何值.

推论 5.3 (根的存在性定理) 设函数 $f(x)$ 在闭区间 $[a,b]$ 上连续, 且 $f(a)$ 和 $f(b)$ 异号, 即 $f(a)f(b) < 0$, 则在 (a,b) 内至少存在一点 ξ, 使得 $f(\xi) = 0$, 即方程 $f(x) = 0$ 在 (a,b) 内至少存在一个实根.

例 5.7 设 $a > 0, b > 0$, 证明方程 $x = a\sin x + b$ 至少有一个正根, 并且不超过 $a + b$.

证明 设 $f(x) = x - a\sin x - b$, 显然 $f(x)$ 在闭区间 $[0, a+b]$ 上连续, 且 $f(0) = -b < 0$, $f(a+b) = (a+b) - a\sin(a+b) - b = a(1 - \sin(a+b)) \geqslant 0$,

(1) 当 $f(a+b) = 0$ 时, $x = a + b$ 即为方程 $x = a\sin x + b$ 的一个正根;

(2) 当 $f(a+b) > 0$, 则 $f(0)f(a+b) < 0$, 由根的存在性定理知方程 $x = a\sin x + b$ 在开区间 $(0, a+b)$ 内至少有一实根.

综上所述, 方程 $x = a\sin x + b$ 至少有一个正根, 并且不超过 $a + b$.

使得方程 $f(x) = 0$ 成立的方程的根也称为函数 $f(x)$ 的零点, 因此, 又可把根的存在性定理称为零点存在定理.

习 题 5

1. 若函数 $f(x) = \begin{cases} (1 + 2x)^{\frac{1}{x}}, & x \neq 0, \\ \mathrm{e}^k, & x = 0 \end{cases}$ 在 $x = 0$ 处连续, 求 k 的值.

2. 讨论函数 $f(x) = \begin{cases} x + 2, & x \leqslant 1, \\ -x^2 + 4, & x > 1 \end{cases}$ 在 $x = 1$ 处的连续性.

3. 求函数 $f(x) = \begin{cases} \mathrm{e}^{-x}, & x \leqslant 0, \\ x^2 - 1, & 0 < x \leqslant 1, \\ \dfrac{1}{2}x - \dfrac{1}{2}, & x > 1 \end{cases}$　的连续区间和间断点, 并指出间断点的类型.

4. 当 $x = 0$ 时, 下列函数无定义, 试定义 $f(0)$ 的值, 使 $f(x)$ 在 $x = 0$ 处连续:

(1) $f(x) = \dfrac{\sqrt{1+x} - 1}{\sqrt[3]{1+x} - 1}$,　　　　　　　(2) $f(x) = \sin x \sin \dfrac{1}{x}$.

5. 指出下列函数在指定点是否是间断点, 若是, 请指出是哪类间断点:

(1) $f(x) = x - 1$, 　$x = 1$;　　　　　(2) $f(x) = \begin{cases} \dfrac{1}{x}, & x \neq 0, \\ 0, & x = 0. \end{cases}$

6. 试证方程 $2x^3 - 3x^2 + 2x - 3 = 0$ 在区间 $[1, 2]$ 上至少有一根.

模块6
导数的概念

6.1 导数的概念

导数的思想最初是由法国数学家费马 (Fermat) 为研究极值问题而引入的, 但与导数概念直接相联系的是以下两个问题: 已知运动规律求速度和已知曲线求它的切线. 这是由英国数学家牛顿 (Newton) 和德国数学家莱布尼茨 (Leibniz) 分别在研究力学和几何学过程中建立起来的. 导数与微分是一元函数微分学中两个非常重要的概念, 同时它们也是研究函数性态及计算函数近似值的有效工具, 模块 6~12 主要讨论导数与微分的基本概念、性质、计算及应用.

6.1.1 引出导数定义的实例

1. 变速直线运动的瞬时速度

设一质点做变速直线运动的位移 s 与时间 t 的函数为 $s = 2 + 32t - 5t^2$, 求质点在 $t = 1$ 秒时的速度.

精确定义瞬时速度很难, 这时平均速度是一个有用的概念, 它能粗略地描述物体的运动状态. 我们研究 $t = 1$ 两侧小时间段上的平均速度, 如表 6.1 所示.

表 6.1 在 $t = 1$ 附近的平均速度

t	[1, 2]	[1, 1.25]	[1, 1.1]	[1, 1.05]	[1, 1.005]	[1, 0001]
平均速度	17	20.75	21.5	21.75	21.975	21.995
t	[0, 1]	[0.75, 1]	[0.9, 1]	[0.99, 1]	[0.999, 1]	[0.9999, 1]
平均速度	27	23.25	22.5	22.05	22.005	22.0005

若我们多取几位小数, 时间段越小, $t = 1$ 前后时间段上的平均速度就越接近 22 米/秒, 因此定义 $t = 1$ 时刻的速度为 22 米/秒, 称为这一时刻点的瞬时速度, 显然, 这一过程事实上就是我们在模块 2 和 3 中学习的取极限.

一般地, 设一质点做直线运动, 其运动规律为 $s = s(t)$. 若 t_0 为某一确定的时刻, t 为邻近于 t_0 的时刻, 则

$$\bar{v} = \frac{s(t) - s(t_0)}{t - t_0}$$

是质点在时间段 $[t_0, t]$(或 $[t, t_0]$) 上的平均速度. 若 $t \to t_0$ 时平均速度 $\bar{v}$ 的极限存在, 则称极限

$$v = \lim_{t \to t_0} \frac{s(t) - s(t_0)}{t - t_0} \tag{6.1}$$

为质点在时刻 t_0 的瞬时速度.

2. 切线的斜率

如图 6.1 所示, 曲线 $y = f(x)$ 在其上一点 $M[x_0, y_0]$ 处的切线 MT 是割线 MN 当动点 N 沿此曲线无限接近于点 M 时的极限位置. 由于割线 MN 的斜率为 $\bar{k} = \dfrac{f(x) - f(x_0)}{x - x_0}$, 因此当 $x \to x_0$ 时如果 $\bar{k}$ 的极限存在, 则极限

$$k = \lim_{x \to x_0} \frac{f(x) - f(x_0)}{x - x_0}, \tag{6.2}$$

即为切线 MT 的斜率.

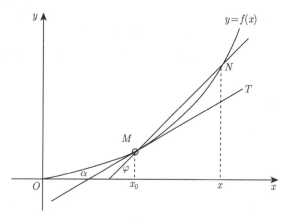

图 6.1

上述两个例子, 虽然实际意义不同, 但从函数的角度来看, 它们的实质是一样的, 它们都是函数改变量与自变量的比, 当自变量趋于零时的极限.

即: 变速直线运动物体的瞬时速度和切线的斜率都归结为求如下极限.

$$\lim_{x \to x_0} \frac{f(x) - f(x_0)}{x - x_0}, \tag{6.3}$$

若记 $\Delta x = x - x_0, \Delta y = y - y_0 = f(x_0 + \Delta x) - f(x_0)$, (6.3) 式又可写为

$$\lim_{\Delta x \to 0} \frac{f(x_0 + \Delta x) - f(x_0)}{\Delta x} = \lim_{\Delta x \to 0} \frac{\Delta y}{\Delta x}. \tag{6.4}$$

下面我们给出导数的定义.

6.1.2 导数的定义

1. 函数 $f(x)$ 在点 x_0 处的导数

定义 6.1 设函数 $y = f(x)$ 在点 x_0 的某邻域内有定义, 若极限

$$\lim_{x \to x_0} \frac{f(x) - f(x_0)}{x - x_0} \tag{6.5}$$

存在, 则称函数 f **在点 x_0 处可导**, 并称该极限为函数 f **在点 x_0 处的导数**, 记作 $f'(x_0)$ 或 $y'|_{x=x_0}$ 或 $\dfrac{\mathrm{d}y}{\mathrm{d}x}\bigg|_{x=x_0}$.

令 $x = x_0 + \Delta x$, $\Delta y = f(x_0 + \Delta x) - f(x_0)$, 则 (6.5) 式可改写为

$$\lim_{\Delta x \to 0} \frac{\Delta y}{\Delta x} = \lim_{\Delta x \to 0} \frac{f(x_0 + \Delta x) - f(x_0)}{\Delta x} = f'(x_0). \tag{6.6}$$

所以, 导数是函数增量 Δy 与自变量增量 Δx 之比 $\dfrac{\Delta y}{\Delta x}$ 的极限. 这个增量比称为函数关于自变量的平均变化率 (又称**差商**), 而导数 $f'(x_0)$ 则为 f 在 x_0 处关于 x 的**瞬时变化率**.

若 (6.5)(或 (6.6)) 式极限不存在, 则称 f **在点 x_0 处不可导.**

定理 6.1 若函数 f 在点 x_0 可导, 则 f 在点 x_0 连续.

注 可导仅是函数在该点连续的充分条件, 而不是必要条件. **例如**, 函数 $f(x) = \begin{cases} x^2, & x \leqslant 0, \\ x, & x > 0 \end{cases}$ 在 $x = 0$ 处不可导, 但在 $x = 0$ 处连续.

若只讨论函数在点 x_0 的右邻域 (左邻域) 上的变化率, 我们需引进单侧导数的概念.

2. 单侧导数

定义 6.2 设函数 $y = f(x)$ 在点 x_0 的某右邻域 $[x_0, x_0 + \delta)$ 上有定义, 若右极限

$$\lim_{\Delta x \to 0^+} \frac{\Delta y}{\Delta x} = \lim_{\Delta x \to 0^+} \frac{f(x_0 + \Delta x) - f(x_0)}{\Delta x} \quad (0 < \Delta x < \delta) \tag{6.7}$$

存在, 则称该极限值为 f 在 x_0 的**右导数**, 记作 $f'_+(x_0)$.

类似地, 我们可定义**左导数** $f'_-(x_0) = \lim\limits_{\Delta x \to 0^-} \dfrac{f(x_0 + \Delta x) - f(x_0)}{\Delta x}$.

右导数和左导数统称为**单侧导数**.

如同左、右极限与极限之间的关系, 我们有以下定理.

定理 6.2 若函数 $y = f(x)$ 在点 x_0 的某邻域内有定义, 则 $f'(x_0)$ 存在的充要条件是 $f'_+(x_0)$ 与 $f'_-(x_0)$ 都存在, 且 $f'_+(x_0) = f'_-(x_0)$.

3. 导函数

若函数在区间 I 上每一点都可导 (对区间端点, 仅考虑相应的单侧导数), 则称 f 为 I 上的**可导函数**. 此时对每一个 $x \in I$, 都有 f 的一个导数 $f'(x)$ (或单侧导数) 与之对应. 这样

就定义了一个在 f 上的函数, 称为 f 在 I 上的**导函数**, 也简称为**导数**. 记作 f', y' 或 $\dfrac{\mathrm{d}y}{\mathrm{d}x}$, 即

$$f(x) = \lim_{\Delta x \to 0} \frac{f(x + \Delta x) - f(x)}{\Delta x}, x \in I.$$

例 6.1　求函数 $f(x) = C(C$ 为常数$)$ 的导数.

解　$f'(x) = \lim\limits_{\Delta x \to 0} \dfrac{f(x + \Delta x) - f(x)}{\Delta x} = \lim\limits_{\Delta x \to 0} \dfrac{C - C}{\Delta x} = 0,$ 即 $(C)' = 0.$

例 6.2　设函数 $f(x) = \sin x$, 求 $(\sin x)'$ 及 $(\sin x)'\big|_{x = \frac{\pi}{4}}$.

解　$(\sin x)' = \lim\limits_{\Delta x \to 0} \dfrac{\sin(x + \Delta x) - \sin x}{\Delta x} = \lim\limits_{h \to 0} \cos\left(x + \dfrac{\Delta x}{2}\right) \cdot \dfrac{\sin \dfrac{\Delta x}{2}}{\dfrac{\Delta x}{2}} = \cos x,$ 即

$$(\sin x)' = \cos x.$$

所以

$$(\sin x)'\big|_{x = \frac{\pi}{4}} = \cos x\big|_{x = \frac{\pi}{4}} = \frac{\sqrt{2}}{2}.$$

例 6.3　求函数 $y = x^n(n$ 为正整数$)$ 的导数.

解　$(x^n)' = \lim\limits_{\Delta x \to 0} \dfrac{(x + \Delta x)^n - x^n}{\Delta x} = \lim\limits_{h \to 0} \left[nx^{n-1} + \dfrac{n(n-1)}{2!} x^{n-2} \Delta x + \cdots + \Delta x^{n-1} \right]$
$\qquad = nx^{n-1},$

即 $(x^n)' = nx^{n-1}.$

更一般地 $(x^\mu)' = \mu x^{\mu-1}(\mu \in \mathbf{R}).$

例如　$(\sqrt{x})' = \dfrac{1}{2} x^{\frac{1}{2} - 1} = \dfrac{1}{2\sqrt{x}}; (x^{-1})' = (-1)x^{-1-1} = -\dfrac{1}{x^2}.$

例 6.4　求函数 $f(x) = a^x(a > 0, a \neq 1)$ 的导数.

解　$(a^x)' = \lim\limits_{\Delta x \to 0} \dfrac{a^{x + \Delta x} - a^x}{\Delta x} = a^x \lim\limits_{\Delta x \to 0} \dfrac{a^{\Delta x} - 1}{\Delta x} = a^x \ln a.$ 即 $(a^x)' = a^x \ln a.$

特别地, $(\mathrm{e}^x)' = \mathrm{e}^x.$

例 6.5　求函数 $y = \log_a x(a > 0, a \neq 1)$ 的导数.

解　$y' = \lim\limits_{\Delta x \to 0} \dfrac{\log_a(x + \Delta x) - \log_a x}{\Delta x} = \lim\limits_{\Delta x \to 0} \dfrac{\log_a\left(1 + \dfrac{\Delta x}{x}\right)}{\dfrac{\Delta x}{x}} \cdot \dfrac{1}{x}$ 即

$$= \frac{1}{x} \lim_{\Delta x \to 0} \log_a\left(1 + \frac{\Delta x}{x}\right)^{\frac{x}{\Delta x}} = \frac{1}{x} \log_a \mathrm{e},$$

$$(\log_a x)' = \frac{1}{x} \log_a \mathrm{e}.$$

特别地, $(\ln x)' = \dfrac{1}{x}.$

例 6.6　讨论函数 $f(x) = |x|$ 在 $x = 0$ 处的可导性.

解 因为

$$\frac{f(0 + \Delta x) - f(0)}{\Delta x} = \frac{|\Delta x|}{\Delta x},$$

$$\lim_{\Delta x \to 0^+} \frac{f(0 + \Delta x) - f(0)}{\Delta x} = \lim_{h \to 0^+} \frac{\Delta x}{\Delta x} = 1,$$

$$\lim_{\Delta x \to 0^-} \frac{f(0 + \Delta x) - f(0)}{\Delta x} = \lim_{h \to 0^-} \frac{-\Delta x}{\Delta x} = -1,$$

即 $f'_+(0) \neq f'_-(0)$, 所以函数 $y = f(x)$ 在 $x = 0$ 处不可导.

6.2 导数的几何意义

几何意义 函数 f 在点 x_0 的导数 $f'(x_0)$ 是曲线 $y = f(x)$ 在点 (x_0, y_0) 的切线斜率. 所以曲线 $y = f(x)$ 在点 (x_0, y_0) 的**切线方程**是

$$y - y_0 = f'(x_0)(x - x_0). \tag{6.8}$$

例 6.7 求函数 $f(x) = x^2$ 在点 x_0 处的导数, 并求曲线在点 $(1, 1)$ 处的切线方程.
解 由定义求得

$$f'(1) = \lim_{\Delta x \to 0} \frac{f(1 + \Delta x) - f(x)}{\Delta x} = \lim_{\Delta x \to 0} \frac{(1 + \Delta x)^2 - 1}{\Delta x}$$

$$= \lim_{\Delta x \to 0} \frac{2\Delta x + \Delta x^2}{\Delta x} = \lim_{\Delta x \to 0} (2 + \Delta x) = 2,$$

由此知道抛物线 $y = x^2$ 在点 $(1, 1)$ 处的切线斜率为

$$k = f'(1) = 2,$$

所以切线方程为: $y - 1 = 2(x - 1)$, 即

$$y = 2x - 1.$$

习 题 6

1. 设质点做变速直线运动, 在 t 时刻的位置为 $s(t) = 3t^2 - 5t$, 求下列各值:

(1) 质点从 1s 到 $1 + \Delta t$ s 这段时间内的平均速度;

(2) 质点从 t_0s 到 $t_0 + \Delta t$ s 这段时间内的平均速度;

(3) 质点在 1s 时的瞬时速度;

(4) 质点在 t_0 s 时的瞬时速度.

2. 下列各题中均假设 $f'(x_0)$ 存在, 按导数定义观察下列极限, 指出这些极限表示什么, 并将答案填在横线上.

(1) $\displaystyle\lim_{\Delta x \to 0} \frac{f(x_0 - \Delta x) - f(x_0)}{\Delta x} = \underline{\hspace{3cm}};$

(2) $\lim\limits_{x \to 0} \dfrac{f(x)}{x} = $ _____, 其中 $f(0) = 0$, 且 $f'(0)$ 存在;

(3) $\lim\limits_{h \to 0} \dfrac{f(x_0 + h) - f(x_0 - h)}{h} = $ _____.

3. 求下列函数的导数:

(1) $y = x^4$;　　　　(2) $y = 2^x$;　　　　(3) $y = \log_3 x$;　　　　(4) $y = \dfrac{1}{\sqrt{x}}$.

4. 讨论函数 $f(x) = \begin{cases} x^2 \sin \dfrac{1}{x}, & x \neq 0, \\ 0, & x = 0 \end{cases}$ 在 $x = 0$ 处的连续性和可导性.

5. 求曲线 $y = \cos x$ 上点 $\left(\dfrac{\pi}{3}, \dfrac{1}{2} \right)$ 处的切线方程和法线方程.

模块7

导数的求导法则(一)

7.1 导数的四则运算求导法则

定理 7.1 设函数$u = u(x), v = v(x)$在点 x 处可导, 则$u(x) \pm v(x)$, $u(x)v(x)$, $\dfrac{u(x)}{v(x)}(v(x) \neq 0)$在点 x 处可导, 且

(1) $[cu(x)]' = cu'(x)c$ 为任意常数;

(2) $[u(x) \pm v(x)]' = u'(x) \pm v'(x)$;

(3) $[u(x)v(x)]' = u'(x)v(x) + u(x)v'(x)$;

(4) $\left[\dfrac{u(x)}{v(x)}\right]' = \dfrac{u'(x)v(x) - u(x)v'(x)}{v^2(x)}(v(x) \neq 0)$.

证明 这里只证明 (4), (1), (2), (3) 由读者自己完成.

设 $f(x) = \dfrac{u(x)}{v(x)}, (v(x) \neq 0)$, 由导数的定义

$$
\begin{aligned}
f'(x) &= \lim_{\Delta x \to 0} \frac{f(x + \Delta x) - f(x)}{\Delta x} = \lim_{\Delta x \to 0} \frac{\dfrac{u(x + \Delta x)}{v(x + \Delta x)} - \dfrac{u(x)}{v(x)}}{\Delta x} \\
&= \lim_{\Delta x \to 0} \frac{u(x + \Delta x)v(x) - u(x)v(x + \Delta x)}{v(x + \Delta x)v(x)\Delta x} \\
&= \lim_{\Delta x \to 0} \frac{[u(x + \Delta x) - u(x)]v(x) - u(x)[v(x + \Delta x) - v(x)]}{v(x + \Delta x)v(x)\Delta x} \\
&= \lim_{\Delta x \to 0} \frac{\dfrac{u(x + \Delta x) - u(x)}{\Delta x} \cdot v(x) - u(x) \cdot \dfrac{v(x + \Delta x) - v(x)}{\Delta x}}{v(x + \Delta x)v(x)} \\
&= \frac{u'(x)v(x) - u(x)v'(x)}{[v(x)]^2}.
\end{aligned}
$$

即

$$
\left(\frac{u}{v}\right)' = \frac{u'v - uv'}{v^2}. \tag{7.1}
$$

定理 7.1 中的法则 (2)、(3) 可以推广到有限多个函数的情形. 如函数 $u = u(x)$, $v = v(x)$, $\omega = \omega(x)$ 在点 x 处可导, 则有

$$(u + v - \omega)' = u' + v' - \omega'; \tag{7.2}$$

$$(uv\omega)' = u'v\omega + uv'\omega + uv\omega'. \tag{7.3}$$

例 7.1 求 $y = x^3 - 2x^2 + \sin x$ 的导数.

解 $y' = (x^3 - 2x^2 + \sin x)' = (x^3)' - (2x^2)' + (\sin x)'$
$= 3x^2 - 4x + \cos x.$

例 7.2 求 $y = \sin 2x \cdot \ln x$ 的导数.

解 因为 $y = 2\sin x \cdot \cos x \cdot \ln x$, 所以

$$y' = (2\sin x \cdot \cos x \cdot \ln x)'$$
$$= 2\cos x \cdot \cos x \cdot \ln x + 2\sin x \cdot (-\sin x) \cdot \ln x + 2\sin x \cdot \cos x \cdot \frac{1}{x}$$
$$= 2\cos 2x \ln x + \frac{1}{x}\sin 2x.$$

例 7.3 求 $y = \tan x$ 的导数.

解 $y' = (\tan x)' = \left(\dfrac{\sin x}{\cos x}\right)' = \dfrac{(\sin x)'\cos x - \sin x(\cos x)'}{\cos^2 x}$

$$= \frac{\cos^2 x + \sin^2 x}{\cos^2 x} = \frac{1}{\cos^2 x} = \sec^2 x,$$

即 $(\tan x)' = \sec^2 x.$

同理可得 $(\cot x)' = -\csc^2 x.$

例 7.4 求 $y = \sec x$ 的导数.

解 $y' = (\sec x)' = \left(\dfrac{1}{\cos x}\right)' = \dfrac{-(\cos x)'}{\cos^2 x} = \dfrac{\sin x}{\cos^2 x} = \sec x \tan x.$

同理可得 $(\csc x)' = -\csc x \cot x.$

7.2 反函数的求导法则

定理 7.2 设 $y = f(x)$ 为 $x = \varphi(y)$ 的反函数, 若 $\varphi(y)$ 在点 y_0 的某邻域内连续, 严格单调且 $\varphi'(y_0) \neq 0$, 则 $f(x)$ 在点 x_0 $(x_0 = \varphi(y_0))$ 可导, 且

$$f'(x_0) = \frac{1}{\varphi'(y_0)}. \tag{7.4}$$

证明 设 $\Delta x = \varphi(y_0 + \Delta y) - \varphi(y_0)$, $\Delta y = f(x_0 + \Delta x) - f(x_0)$ 因为 φ 在 y_0 的某邻域内连续且严格单调, 故 $f = \varphi^{-1}$ 在 x_0 的某邻域内连续且严格单调. 从而当且仅当 $\Delta y = 0$ 时 $\Delta x = 0$, 并且当且仅当 $\Delta y \to 0$ 时 $\Delta x \to 0$. 由 $\varphi'(y_0) \neq 0$, 可得

$$f'(x_0) = \lim_{\Delta x \to 0} \frac{\Delta y}{\Delta x} = \lim_{\Delta y \to 0} \frac{\Delta y}{\Delta x} = \frac{1}{\displaystyle\lim_{\Delta y \to 0} \frac{\Delta x}{\Delta y}} = \frac{1}{\varphi'(y_0)}.$$

例 7.5　求函数 $y = \arcsin x$ 的导数.

解　因为 $x = \sin y$ 在 $I_y \in \left(-\dfrac{\pi}{2}, \dfrac{\pi}{2}\right)$ 内单调、可导, 且 $(\sin y)' = \cos y > 0$, 所以在 $I_x \in (-1, 1)$ 内有

$$(\arcsin x)' = \frac{1}{(\sin y)'} = \frac{1}{\cos y} = \frac{1}{\sqrt{1 - \sin^2 y}} = \frac{1}{\sqrt{1 - x^2}}.$$

同理可得

$$(\arccos x)' = -\frac{1}{\sqrt{1 - x^2}}, \quad (\arctan x)' = \frac{1}{1 + x^2}, \quad (\text{arccot}\, x)' = -\frac{1}{1 + x^2}.$$

7.3　复合函数的求导法则

定理 7.3　设 $u = \varphi(x)$ 在点 x_0 可导, $y = f(u)$ 在点 $u_0 = \varphi(x_0)$ 可导, 则复合函数 $f[\varphi(x)]$ 点在 x_0 可导, 且

$$\frac{\mathrm{d}y}{\mathrm{d}x}\bigg|_{x=x_0} = f'(u_0)\varphi'(x_0) = f'(\varphi(x_0))\varphi'(x_0). \tag{7.5}$$

证明　由 $y = f(u)$ 在点 u_0 可导, 所以 $\lim\limits_{\Delta u \to 0} \dfrac{\Delta y}{\Delta u} = f'(u_0)$, 故

$$\frac{\Delta y}{\Delta u} = f'(u_0) + \alpha \quad \left(\lim_{\Delta u \to 0} \alpha = 0\right),$$

则 $\Delta y = f'(u_0)\Delta u + \alpha \Delta u$, 所以

$$\lim_{\Delta x \to 0} \frac{\Delta y}{\Delta x} = \lim_{\Delta x \to 0} \left[f'(u_0)\frac{\Delta u}{\Delta x} + \alpha \frac{\Delta u}{\Delta x}\right] = f'(u_0)\lim_{\Delta x \to 0} \frac{\Delta u}{\Delta x} + \lim_{\Delta x \to 0} \alpha \lim_{\Delta x \to 0} \frac{\Delta u}{\Delta x}$$

$$= f'(u_0)\varphi'(x_0).$$

注　复合函数的求导公式 (7.5) 亦称为**链式法则**. 函数 $y = f(u), u = \varphi(x)$ 的复合函数在点 x 的求导公式一般也写作

$$\frac{\mathrm{d}y}{\mathrm{d}x} = \frac{\mathrm{d}y}{\mathrm{d}u} \cdot \frac{\mathrm{d}u}{\mathrm{d}x}. \tag{7.6}$$

推广　设 $y = f(u), u = \varphi(v), v = \psi(x)$, 则复合函数 $y = f\{\varphi[\psi(x)]\}$ 的导数为

$$\frac{\mathrm{d}y}{\mathrm{d}x} = \frac{\mathrm{d}y}{\mathrm{d}u} \cdot \frac{\mathrm{d}u}{\mathrm{d}v} \cdot \frac{\mathrm{d}v}{\mathrm{d}x}. \tag{7.7}$$

例 7.6　求函数 $y = \ln \sin x$ 的导数.

解　因为 $y = \ln u, u = \sin x$, 所以

$$\frac{dy}{dx} = \frac{dy}{du} \cdot \frac{du}{dx} = \frac{1}{u} \cdot \cos x = \frac{\cos x}{\sin x} = \cot x.$$

例 7.7 求函数 $y = (x^2 + 1)^{10}$ 的导数.

解 $\frac{dy}{dx} = 10(x^2 + 1)^9 \cdot (x^2 + 1)' = 10(x^2 + 1)^9 \cdot 2x = 20x(x^2 + 1)^9.$

7.4 函数的基本求导法则与公式 (归纳)

1. 常数和基本初等函数的导数公式

(1) $(C)' = 0;$

(2) $(x^\mu)' = \mu x^{\mu-1};$

(3) $(\sin x)' = \cos x;$

(4) $(\cos x)' = -\sin x;$

(5) $(\tan x)' = \sec^2 x;$

(6) $(\cot x)' = -\csc^2 x;$

(7) $(\sec x)' = \sec x \tan x;$

(8) $(\csc x)' = -\csc x \cot x;$

(9) $(a^x)' = a^x \ln a;$

(10) $(e^x)' = e^x;$

(11) $(\log_a x)' = \frac{1}{x \ln a};$

(12) $(\ln x)' = \frac{1}{x};$

(13) $(\arcsin x)' = \frac{1}{\sqrt{1-x^2}};$

(14) $(\arccos x)' = -\frac{1}{\sqrt{1-x^2}};$

(15) $(\arctan x)' = \frac{1}{1+x^2};$

(16) $(\text{arccot} x)' = -\frac{1}{1+x^2}.$

2. 函数的和、差、积、商的求导法则

设 $u = u(x), v = v(x)$ 可导, 则

(1) $(u \pm v)' = u' \pm v';$

(2) $(cu)' = cu', c$ 是常数;

(3) $(uv)' = u'v + uv';$

(4) $\left(\frac{u}{v}\right)' = \frac{u'v - uv'}{v^2}, v \neq 0.$

3. 反函数的求导法则

设 $y = f(x)$ 为 $x = \varphi(y)$ 的反函数, 若 $\varphi(y)$ 在点 y_0 的某邻域内连续, 严格单调且 $\varphi'(y_0) \neq 0$, 则 $f(x)$ 在点 $x_0 (x_0 = \varphi(y_0))$ 可导, 且

$$f'(x_0) = \frac{1}{\varphi'(y_0)}.$$

4. 复合函数的求导法则

设 $u = \varphi(x)$ 在点 x 可导, $y = f(u)$ 在点 $u = \varphi(x)$ 可导, 则复合函数 $f[\varphi(x)]$ 点在 x 可导, 且

$$\frac{dy}{dx} = \frac{dy}{du} \cdot \frac{du}{dx}.$$

利用上述公式及法则, 初等函数求导问题可完全解决.

注 初等函数的导数仍为初等函数.

习 题 7

1. 求下列函数的导数:

(1) $y = 4x^2 - 2x + 3$;

(2) $y = e^x + 2e + 5$;

(3) $y = \dfrac{1}{x} + \dfrac{1}{\sqrt{x}} + \dfrac{1}{\sqrt[3]{x}}$;

(4) $y = \sqrt{\sqrt{\sqrt{x}}}$;

(5) $y = (x+1)\left(\dfrac{1}{\sqrt{x}} + 2\right)$;

(6) $y = \dfrac{1 - e^x}{1 + e^x}$;

(7) $y = \dfrac{x^2 + 4}{e^x}$;

(8) $y = \dfrac{1}{x} + 7\sin x + \cos x - 5$;

(9) $y = e^x \ln x$;

(10) $y = \theta e^\theta \cot \theta$;

(11) $y = \dfrac{3 + \sin x}{x}$;

(12) $y = \dfrac{x e^x - 1}{\sin x}$.

2. 求下列复合函数的导数:

(1) $y = (5x + 2)^3$;

(2) $y = \ln(2x - 1)$;

(3) $y = e^{\cos x}$;

(4) $y = \ln(x + \sqrt{1 + x^2})$;

(5) $y = \ln[\ln(\ln x)]$;

(6) $y = \sqrt{x + \sqrt{x + \sqrt{x}}}$;

(7) $y = (2x^2 + 1)^2 e^{-x} \sin 3x$;

(8) $y = (3t + 1)e^t(\cos 3t - 7\sin 3t)$;

(9) $y = \ln \cos(e^x)$;

(10) $y = e^{\sin \frac{1}{x}}$;

(11) $y = \sqrt[3]{1 - 2x^2}$;

(12) $y = \left(\arctan \dfrac{x}{2}\right)^2$;

(13) $y = \sin \sqrt{1 + x^2}$;

(14) $y = \sin(\sin x)$.

模块8
导数的求导法则(二)

8.1 隐函数求导

我们以前讲的像 $y = \sin x$, $y = \ln(a+x)$ 等的函数叫**显函数**.

在一些问题中, 我们还会遇到一些变量的对应关系是用一个方程 $F(x,y) = 0$ 表示的. 在方程 $F(x,y) = 0$ 中, 当 x 取某区间内的任一值时, 相应地总有满足这个方程的唯一的 y 值存在. 所以说方程 $F(x,y) = 0$ 在该区间内确定了一个**隐函数** $y = f(x)$.

例如: $x^2 + y + 1 = 0$, $y^5 + 2y - x - 3x^7 = 0$, $\mathrm{e}^y + xy - ex = 0$ 等.

在方程中, 有的隐函数可以写成显函数, 这个过程叫做隐函数的显化, 而有的隐函数的显化有时是困难的, 甚至是不可能的.

下面我们用例子来说明隐函数求导的方法.

例 8.1 求由方程 $xy - \mathrm{e}^x + \mathrm{e}^y = 0$ 所确定的隐函数 y 的导数 $\dfrac{\mathrm{d}y}{\mathrm{d}x}$, $\dfrac{\mathrm{d}y}{\mathrm{d}x}\big|_{x=0}$.

解 方程两边对 x 求导, 把 y 看成 x 的函数,

$$y + x\frac{\mathrm{d}y}{\mathrm{d}x} - \mathrm{e}^x + \mathrm{e}^y\frac{\mathrm{d}y}{\mathrm{d}x} = 0,$$

解得 $\dfrac{\mathrm{d}y}{\mathrm{d}x} = \dfrac{\mathrm{e}^x - y}{x + \mathrm{e}^y}$.

由原方程知 $x = 0, y = 0$, 所以

$$\frac{\mathrm{d}y}{\mathrm{d}x}\bigg|_{x=0} = \frac{\mathrm{e}^x - y}{x + \mathrm{e}^y}\bigg|_{\substack{x=0 \\ y=0}} = 1.$$

例 8.2 设曲线 C 的方程为 $x^3 + y^3 = 3xy$, 求过 C 上点 $\left(\dfrac{3}{2}, \dfrac{3}{2}\right)$ 的切线方程.

解 方程两边对 x 求导, $3x^2 + 3y^2y' = 3y + 3xy'$, 解出 y', 并将 $x = \dfrac{3}{2}$ 和 $y = \dfrac{3}{2}$ 代入 y', 得

$$y'\bigg|_{\left(\frac{3}{2}, \frac{3}{2}\right)} = \frac{y - x^2}{y^2 - x}\bigg|_{\left(\frac{3}{2}, \frac{3}{2}\right)} = -1,$$

故所求切线方程为 $y - \dfrac{3}{2} = -\left(x - \dfrac{3}{2}\right)$, 即 $x + y - 3 = 0$.

法线方程为 $y - \dfrac{3}{2} = x - \dfrac{3}{2}$, 即 $y = x$.

8.2 对数求导法

对数求导法思想方法   先在方程两边取对数, 然后利用隐函数的求导方法求出导数.

对数求导法适用范围   多个函数相乘和幂指数函数 $u(x)^{v(x)}$ 的情形.

例 8.3   设 $y = \dfrac{(x+1)\sqrt[3]{x-1}}{(x+4)^2 \mathrm{e}^x}$, 求 y'.

解   等式两边取对数得

$$\ln y = \ln(x+1) + \frac{1}{3}\ln(x-1) - 2\ln(x+4) - x,$$

上式两边对 x 求导得

$$\frac{y'}{y} = \frac{1}{x+1} + \frac{1}{3(x-1)} - \frac{2}{x+4} - 1,$$

所以

$$y' = \frac{(x+1)\sqrt[3]{x-1}}{(x+4)^2 \mathrm{e}^x}\left[\frac{1}{x+1} + \frac{1}{3(x-1)} - \frac{2}{x+4} - 1\right].$$

例 8.4   设 $y = x^{\sin x}$ $(x > 0)$, 求 y'.

解   等式两边取对数得

$$\ln y = \sin x \cdot \ln x,$$

上式两边对 x 求导得

$$\frac{1}{y}y' = \cos x \cdot \ln x + \sin x \cdot \frac{1}{x},$$

所以

$$y' = y\left(\cos x \cdot \ln x + \sin x \cdot \frac{1}{x}\right) = x^{\sin x}\left(\cos x \cdot \ln x + \frac{\sin x}{x}\right).$$

一般地, 若

$$f(x) = u(x)^{v(x)} \quad (u(x) > 0),$$

因为 $\ln f(x) = v(x) \cdot \ln u(x)$, 又因为 $\dfrac{\mathrm{d}}{\mathrm{d}x}\ln f(x) = \dfrac{1}{f(x)} \cdot \dfrac{\mathrm{d}}{\mathrm{d}x}f(x)$, 所以

$$f'(x) = f(x) \cdot \frac{\mathrm{d}}{\mathrm{d}x}\ln f(x),$$

所以

$$f'(x) = u(x)^{v(x)}\left[v'(x) \cdot \ln u(x) + \frac{v(x)u'(x)}{u(x)}\right].$$

8.3　由参数方程所确定的函数的导数

若参数方程 $\begin{cases} x = \varphi(t), \\ y = \psi(t), \end{cases}$ $\alpha \leqslant t \leqslant \beta$ 确定 y 与 x 间的函数关系, 则称此为由参数方程所确定的函数.

例如: $\begin{cases} x = 2t \\ y = t^2 \end{cases} \Rightarrow t = \dfrac{x}{2}$ 消去参数 t 得

$$y = t^2 = \left(\frac{x}{2}\right)^2 = \frac{x^2}{4}.$$

由前面知识可求出 y 对 x 的导数 $y' = \dfrac{1}{2}x$.

问题　消参数困难时或无法消去参数时如何求导?

在方程 $\begin{cases} x = \varphi(t), \\ y = \psi(t), \end{cases}$ $\alpha \leqslant t \leqslant \beta$ 中, 若设函数 $x = \varphi(t)$ 具有单调连续的反函数 $t = \varphi^{-1}(t)$, 则有 $y = \psi[\varphi^{-1}(x)]$.

再设函数 $x = \varphi(t)$, $y = \psi(t)$ 都可导, 且 $\varphi(t) \neq 0$, 由复合函数及反函数的求导法则得

$$\frac{\mathrm{d}y}{\mathrm{d}x} = \frac{\mathrm{d}y}{\mathrm{d}t} \cdot \frac{\mathrm{d}t}{\mathrm{d}x} = \frac{\mathrm{d}y}{\mathrm{d}t} \cdot \frac{1}{\dfrac{\mathrm{d}x}{\mathrm{d}t}} = \frac{\psi'(t)}{\varphi'(t)},$$

即

$$\frac{\mathrm{d}y}{\mathrm{d}x} = \frac{\dfrac{\mathrm{d}y}{\mathrm{d}t}}{\dfrac{\mathrm{d}x}{\mathrm{d}t}} = \frac{\psi'(t)}{\varphi'(t)}. \tag{8.1}$$

例 8.5　求摆线 $\begin{cases} x = a(t - \sin t), \\ y = a(1 - \cos t) \end{cases}$ 在 $t = \dfrac{\pi}{2}$ 处的切线方程.

解　因为 $\dfrac{\mathrm{d}y}{\mathrm{d}x} = \dfrac{\dfrac{\mathrm{d}y}{\mathrm{d}t}}{\dfrac{\mathrm{d}x}{\mathrm{d}t}} = \dfrac{a\sin t}{a - a\cos t} = \dfrac{\sin t}{1 - \cos t}$, 所以

$$\left.\frac{\mathrm{d}y}{\mathrm{d}x}\right|_{t=\frac{\pi}{2}} = \frac{\sin \dfrac{\pi}{2}}{1 - \cos \dfrac{\pi}{2}} = 1,$$

当 $t = \dfrac{\pi}{2}$ 时, $x = a\left(\dfrac{\pi}{2} - 1\right)$, $y = a$, 故所求切线方程为

$$y - a = x - a\left(\frac{\pi}{2} - 1\right),$$

即

$$y = x + a\left(2 - \frac{\pi}{2}\right).$$

1. 求下列方程所确定隐函数 $y = y(x)$ 的导数:

(1) $\sin(xy) = x$;

(2) $\sqrt{x} + \sqrt{y} = 1$;

(3) $\cos x - \cos(x - y) = 0$;

(4) $x - 2y + \dfrac{1}{3}\sin y = 0$.

2. 利用对数求导法, 求下列函数的导数:

(1) $y = x\sqrt{\dfrac{1-x}{1+x}}$;

(2) $y = \dfrac{\sqrt{x+1}\sin x}{(x^2+1)(x+2)}$;

(3) $x^y = y^x$;

(4) $y = (\sin x)^{\cos x}$;

(5) $y = (x-1)\sqrt[3]{\dfrac{(x-2)^2}{x-3}}$;

(6) $y = (x-a_1)^{a_1}(x-a_2)^{a_2}\cdots(x-a_n)^{a_n}$.

3. 求下列参数式函数的导数:

(1) $\begin{cases} x = \theta(1 - \sin\theta), \\ y = \theta\cos\theta; \end{cases}$

(2) $\begin{cases} x = \ln(1+t^2), \\ y = t - \arctan t; \end{cases}$

(3) $\begin{cases} x = \dfrac{3at}{1+t^2}, \\ y = \dfrac{3at^2}{1+t^2}. \end{cases}$

模块9
高阶导数

若函数 $f(x)$ 的导数 $f'(x)$ 在点 x 处可导, 即极限

$$(f'(x))' = \lim_{\Delta x \to 0} \frac{f'(x + \Delta x) - f'(x)}{\Delta x} \tag{9.1}$$

存在, 则称 $(f'(x))'$ 为函数 $f(x)$ 在点 x 处的**二阶导数**, 记作

$$f''(x), y'', \frac{\mathrm{d}^2 y}{\mathrm{d}x^2} \text{ 或 } \frac{\mathrm{d}^2 f(x)}{\mathrm{d}x^2}.$$

二阶导数的导数称为三阶导数, 记作 $f'''(x)$, y''', $\frac{\mathrm{d}^3 y}{\mathrm{d}x^3}$ 或 $\frac{\mathrm{d}^3 f(x)}{\mathrm{d}x^3}$.

三阶导数的导数称为四阶导数, 记作 $f^{(4)}(x)$, $y^{(4)}$, $\frac{\mathrm{d}^4 y}{\mathrm{d}x^4}$ 或 $\frac{\mathrm{d}^4 f(x)}{\mathrm{d}x^4}$.

一般地, 可由 f 的 $n-1$ 阶导数定义 f 的 n **阶导数**, 二阶以及二阶以上的导数都称为**高阶导数**, 相应地, n 阶导数记作 $f^{(n)}(x)$, $y^{(n)}$, $\frac{\mathrm{d}^n y}{\mathrm{d}x^n}$ 或 $\frac{\mathrm{d}^n f(x)}{\mathrm{d}x^n}$.

二阶和二阶以上的导数统称为高阶导数.

相应地, $f(x)$ 称为零阶导数, $f'(x)$ 称为一阶导数.

例 9.1 求幂函数 $y = x^n (n$ 为正整数$)$ 的各阶导数.

解 由幂函数的求导公式得

$$\begin{aligned}
&y' = nx^{n-1}, \\
&y'' = n(n-1)x^{n-2}, \\
&\cdots \\
&y^{(n-1)} = (y^{(n-2)})' = n(n-1)\cdots 2x, \\
&y^{(n)} = (y^{(n-1)})' = (n(n-1)\cdots 2x)' = n!, \\
&y^{(n+1)} = y^{(n+2)} = \cdots = 0.
\end{aligned}$$

由此可见, 对于正整数幂函数 x^n, 每求导一次, 其幂次降低 1, 第 n 阶导数为一常数, 大于 n 阶的导数都等于 0.

例 9.2 求 $y = \sin x$ 和 $y = \cos x$ 的各阶导数.

解 对于 $y = \sin x$, 由三角函数的求导公式得

$$y' = \cos x, \quad y'' = -\sin x, \quad y''' = -\cos x, \quad y^{(4)} = \sin x.$$

继续求导, 将出现周而复始的现象. 为了得到一般 n 阶导数公式, 可将上述导数改写为

$$y' = \cos x = \sin\left(x + \frac{\pi}{2}\right),$$

$$y'' = -\sin x = \sin\left(x + 2 \cdot \frac{\pi}{2}\right),$$

$$y''' = -\cos x = \sin\left(x + 3 \cdot \frac{\pi}{2}\right),$$

$$y^{(4)} = \sin x = \sin\left(x + 4 \cdot \frac{\pi}{2}\right).$$

一般地, 可推得

$$y^{(n)} = \sin\left(x + n \cdot \frac{\pi}{2}\right), \quad n \in \mathbf{N}_+.$$

类似地有

$$\cos^{(n)} x = \cos\left(x + n \cdot \frac{\pi}{2}\right), \quad n \in \mathbf{N}_+.$$

例 9.3 求 $y = \mathrm{e}^x$ 的各阶导数.

解 因为 $(\mathrm{e}^x)' = \mathrm{e}^x$, 所以 $(\mathrm{e}^x)^{(n)} = \mathrm{e}^x, n \in \mathbf{N}_+$.

习 题 9

1. 求下列函数的二阶导数:

(1) $y = \mathrm{e}^{2x} \sin 3x$;

(2) $y = x + \arctan x$;

(3) $y = \ln[f(x)]$, ($f(x)$ 存在二阶导数);

(4) $y = \dfrac{x}{1+x}$.

2. 求下列参量方程所确定函数 $y = y(x)$ 的二阶导数:

(1) $\begin{cases} x = \mathrm{e}^t, \\ y = \mathrm{e}^{t^2} - 1; \end{cases}$

(2) $\begin{cases} x = t^2 - 1, \\ y = t + t^2. \end{cases}$

模块10
函数的微分

10.1 引出微分定义的实例

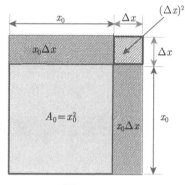

图 10.1

如图 10.1, 一块正方形均匀金属薄片受热膨胀, 其边长伸长到 $x_0 + \Delta x$, 问此薄片的面积增大了多少?

解 设此薄片的边长为 x, 面积为 A, 则 A 是 x 的函数: $A = x^2$. 薄片受温度变化影响时, 面积的改变量可以看成是当自变量 x 自 x_0 取得增量 Δx 时, 函数 A 相应的增量 ΔA, 即 $\Delta A = (x_0 + \Delta x)^2 - x_0^2 = 2x_0\Delta x + (\Delta x)^2$. 上式中, $2x_0\Delta x$ 是 Δx 的线性函数, 即图中带有斜线的两个矩形面积之和, 显然, 它是 ΔA 的主要部分; ΔA 的另一部分是 $(\Delta x)^2$, 在图中是带有交叉线的小正方形的面积, 它是 ΔA 的次要部分, 当 $|\Delta x|$ 很小时, $(\Delta x)^2$ 比 $2x_0\Delta x$ 要小得多, 也就是说, 当 $|\Delta x|$ 很小时, 面积增量 ΔA 可以近似地用 $2x_0\Delta x$ 表示, 即

$$\Delta A \approx 2x_0\Delta x.$$

由此式作为 ΔA 的近似值, 略去的部分 $(\Delta x)^2$ 是比 Δx 高阶的无穷小.

再如, 设函数 $y = x^3$ 在点 x_0 处的改变量为 Δx 时, 求函数的改变量 Δy.

$$\Delta y = (x_0 + \Delta x)^3 - x_0^3 = 3x_0^2 \cdot \Delta x + 3x_0 \cdot (\Delta x)^2 + (\Delta x)^3.$$

因

$$\lim_{\Delta x \to 0} \frac{3x_0 \cdot (\Delta x)^2 + (\Delta x)^3}{\Delta x} = \lim_{\Delta x \to 0} [3x_0 \cdot \Delta x + (\Delta x)^2] = 0,$$

即 $3x_0 \cdot (\Delta x)^2 + (\Delta x)^3 = o(\Delta x)$, 当 $\Delta x \to 0$ 时, 所以

$$\Delta y = 3x_0^2 \cdot \Delta x + 3x_0 \cdot (\Delta x)^2 + (\Delta x)^3 \approx 3x_0^2 \cdot \Delta x.$$

结论 以上两个问题的实际意义虽然不同, 但在数量关系上却具有相同的特点: 函数的

改变量可以表示成两部分, 一部分为自变量增量的线性函数, 另一部分是当自变量增量趋于零时, 比自变量增量高阶的无穷小, 据此特点, 便形成了微分的概念.

10.2 微分的概念

定义 10.1 设函数 $y = f(x)$ 在点 x_0 的某个领域内有定义, 若自变量在点 x_0 处取得增量 Δx 时, 如果函数的增量 Δy 可以表示为

$$\Delta y = A\Delta x + o(\Delta x), \tag{10.1}$$

其中 A 与 Δx 无关, $o(\Delta x)$ 是比 Δx 高阶的无穷小, 则称函数 $y = f(x)$ 在点 x_0 处**可微**, 且 $A\Delta x$ 为函数 $y = f(x)$ 在点 x_0 处相应于自变量增量 Δx 的**微分**, 记为 $\mathrm{d}y$, 即

$$\mathrm{d}y = A\Delta x. \tag{10.2}$$

关于微分定义的几点说明:
(1) $\mathrm{d}y$ 是自变量的改变量 Δx 的线性函数;
(2) $\Delta y - \mathrm{d}y = o(\Delta x)$ 是比 Δx 更高阶的无穷小量;
(3) A 是与 Δx 无关的常数, 但与 $f(x)$ 和 x 有关;
(4) 当 Δx 很小时, 有 $\Delta y = \mathrm{d}y$(线性主部).

10.3 可微性与可导性的关系

那么, 什么样的函数是可微的呢? 当 $f(x)$ 在点 x 处可微时, 其微分式 $\mathrm{d}y = A\Delta x$ 中的常数 A 又是什么? 下面的定理回答了这一问题.

定理 10.1 函数 $y = f(x)$ 在点 x_0 处可微的充要条件是函数 $y = f(x)$ 在点 x_0 处可导且有 $\mathrm{d}y = f'(x_0)\Delta x$.

证明 (1) 必要性 若函数 $f(x)$ 在点 x_0 处可微, 则有 $\Delta y = A\Delta x + o(\Delta x)$, 因此

$$\frac{\Delta y}{\Delta x} = \frac{A\Delta x + o(\Delta x)}{\Delta x} = A + \frac{o(\Delta x)}{\Delta x} \Rightarrow f'(x_0) = \lim_{\Delta x \to 0} \frac{\Delta y}{\Delta x} = A + \lim_{\Delta x \to 0} \frac{o(\Delta x)}{\Delta x} = A,$$

即函数 $f(x)$ 在点 x_0 处可导, 且其导数值为 $f'(x_0) = A$.

(2) 充分性 若函数 $f(x)$ 在点 x_0 处可导, 则 $f'(x_0) = \lim\limits_{\Delta x \to 0} \dfrac{\Delta y}{\Delta x}$, 即

$$\frac{\Delta y}{\Delta x} = f'(x_0) + \alpha \left(\lim_{\Delta x \to 0} \alpha = 0 \right),$$

从而有 $\Delta y = f'(x_0) \cdot \Delta x + \alpha \cdot \Delta x$, 因 $\Delta x \to 0$ 时, $\alpha \to 0$, 则 $\lim\limits_{\Delta x \to 0} \dfrac{\alpha \Delta x}{\Delta x} = \lim\limits_{\Delta x \to 0} \alpha = 0$. 所以有 $\Delta y = f'(x_0) \cdot \Delta x + o(\Delta x)$.

上述定理表明, 一元函数可微与可导是等价的且当 $f(x)$ 在点 x_0 处可微时, 其微分式 $\mathrm{d}y = A\Delta x$ 中的常数 $A = f'(x_0)$.

注　(1) 当函数 $y = f(x) = x$ 时, 函数的微分 $\mathrm{d}f(x) = \mathrm{d}x = x'\Delta x = \Delta x$, 即 $\mathrm{d}x = \Delta x$, 自变量的微分等于自变量的增量.

(2) $\mathrm{d}y = f'(x)\mathrm{d}x$.

(3) 导数等于函数的微分与自变量的微分之商, 即 $f'(x) = \dfrac{\mathrm{d}y}{\mathrm{d}x}$, 正因为这样, 导数也称为**微商**.

例 10.1　设函数 $y = x^2$, (1) 求函数的微分; (2) 求函数在 $x = 3$ 处的微分; (3) 求函数在 $x = 3$ 处, 当 $\Delta x = 0.01$ 时的微分和增量.

解　(1) $\mathrm{d}y = \left(x^2\right)' \mathrm{d}x = 2x\mathrm{d}x$.

(2) $\mathrm{d}y|_{x=3} = f'(3)\mathrm{d}x = 6\mathrm{d}x$.

(3) $\Delta y = f(3 + \Delta x) - f(3) = (3 + 0.01)^2 - 3^2 = 0.06001$, $\mathrm{d}y\Big|_{\substack{x=3 \\ \Delta x=0.01}} = 6 \times 0.01 = 0.06$.

10.4　微分的运算法则

因为函数 $y = f(x)$ 的微分等于导数 $f'(x)$ 乘以 $\mathrm{d}x$, 所以根据导数公式和导数运算法则, 就能得到相应的微分公式和微分运算法则.

1. 微分基本公式

$\mathrm{d}(C) = 0$; $\mathrm{d}(x^\mu) = \mu x^{\mu-1}\mathrm{d}x$;　　　$\mathrm{d}(\sin x) = \cos x\mathrm{d}x$;　　　$\mathrm{d}(\cos x) = -\sin x\mathrm{d}x$;

$\mathrm{d}(\tan x) = \sec^2 x\mathrm{d}x$;　　　$\mathrm{d}(\cot x) = -\csc^2 x\mathrm{d}x$;

$\mathrm{d}(\sec x) = \sec x \tan x\mathrm{d}x$;　　　$\mathrm{d}(\csc x) = -\csc x \cot x\mathrm{d}x$;

$\mathrm{d}(a^x) = a^x \ln a\mathrm{d}x$;　　　$\mathrm{d}(\mathrm{e}^x) = \mathrm{e}^x\mathrm{d}x$;　　　$\mathrm{d}(\log_a x) = \dfrac{1}{x \ln a}\mathrm{d}x$; $\mathrm{d}(\ln x) = \dfrac{1}{x}\mathrm{d}x$;

$\mathrm{d}(\arcsin x) = \dfrac{1}{\sqrt{1 - x^2}}\mathrm{d}x$;　　　$\mathrm{d}(\arccos x) = -\dfrac{1}{\sqrt{1 - x^2}}\mathrm{d}x$;

$\mathrm{d}(\arctan x) = \dfrac{1}{1 + x^2}\mathrm{d}x$;　　　$\mathrm{d}(\mathrm{arccot}x) = -\dfrac{1}{1 + x^2}\mathrm{d}x$.

2. 函数微分四则运算

$\mathrm{d}(u \pm v) = \mathrm{d}u \pm \mathrm{d}v$;　　　$\mathrm{d}(Cu) = C\mathrm{d}u$;

$\mathrm{d}(uv) = v\mathrm{d}u + u\mathrm{d}v$;　　　$\mathrm{d}\left(\dfrac{u}{v}\right) = \dfrac{v\mathrm{d}u - u\mathrm{d}v}{v^2}$.

3. 复合函数的微分法则

设函数 $y = f(u)$, 根据微分的定义, 当 u 是自变量时, 函数 $y = f(u)$ 的微分是 $\mathrm{d}y = f'(u)\mathrm{d}u$ 如果 u 不是自变量, 而是 x 的导函数 $u = \varphi(x)$, 则复合函数 $y = f[\varphi(x)]$ 的导数为

$$y' = f'(u)\varphi'(x).$$

于是, 复合函数 $y = f[\varphi(x)]$ 的微分为

$$\mathrm{d}y = f'(u)\varphi'(x)\mathrm{d}x.$$

由于 $\varphi'(x)\mathrm{d}x = \mathrm{d}u$, 所以 $\mathrm{d}y = f'(u)\mathrm{d}u$.

由此可见, 不论 u 是自变量还是函数 (中间变量), 函数 $y = f(u)$ 的微分总保持同一形式 $\mathrm{d}y = f'(u)\mathrm{d}u$, 这一性质称为**一阶微分形式不变性**. 有时, 利用一阶微分形式不变性求复合函数的微分比较方便.

例 10.2　设 $y = \sin(2x + 1)$, 求 $\mathrm{d}y$.

解法一　利用微分形式的不变性.

设 $u = 2x + 1$, 则 $y = \sin u$,

$$\mathrm{d}y = \mathrm{d}(\sin u) = \cos u \mathrm{d}u = \cos(2x+1)\mathrm{d}(2x+1) = \cos(2x+1) \cdot 2\mathrm{d}x = 2\cos(2x+1)\mathrm{d}x.$$

解法二　利用微分与导数的关系.

设 $y = f(x) = \sin(2x + 1)$, 则

$$f'(x) = [\sin(2x+1)]' = \cos(2x+1) \cdot (2x+1)' = 2\cos(2x+1),$$

则有

$$\mathrm{d}y = f'(x)\mathrm{d}x = 2\cos(2x+1)\mathrm{d}x.$$

例 10.3　有一批半径为 1 厘米的球, 为了提高球面光洁度, 要镀上一层铜, 厚度定为 0.01 厘米, 试估计每只球需用多少克铜 (铜的密度是 8.9 克/厘米^3)?

解　镀铜前的球半径为 $R_0 = 1$(厘米), 镀铜后球的半径的增量为 $\Delta R = 0.01$(厘米), 而球的体积公式是, $V = \dfrac{4}{3} \cdot \pi \cdot R^3$, 这里 R 是球的半径.

镀铜层的体积为

$$\Delta V = V(R_0 + \Delta R) - V(R_0) \approx V'(R_0) \cdot \Delta R = 4\pi R_0^2 \cdot \Delta R.$$

$$\Delta V \approx 4\pi \times (1)^2 \times (0.01) = 0.13(\text{厘米})^3.$$

每只球的需铜量约为 $0.13 \times 8.9 = 1.16$(克).

习 题 10

1. 求下列函数的微分:

(1) $y = (x^2 + 2x)(x + 1)$;

(2) $y = \sin ax \cos bx$;

(3) $y = \arcsin\sqrt{1 - x^2}$.

2. 如果半径为 20cm 的球的直径伸长 2mm, 球的体积约增加多少?

模块11
洛必达法则

在某一极限过程中, 经常遇到两个无穷小 (大) 量之比的极限. 由于这种极限可能存在, 也可能不存在, 因此我们把两个无穷小量或两个无穷大量之比的极限统称为**不定式极限**, 分别记为 $\frac{0}{0}$ 型或 $\frac{\infty}{\infty}$ 型的不定式极限, 对于它们是不能直接运用除法的极限运算法则的. 本模块我们介绍求不定式极限的简便而有效的方法——**洛必达**(L'Hospital)**法则**.

为了能够对洛必达法则作出证明, 我们不加证明的给出如下引理.

引理 (柯西中值定理) 设函数 $f(x)$ 和 $g(x)$ 满足

(i) 在 $[a,b]$ 上都连续;

(ii) 在 (a,b) 上都可导;

(iii) $f'(x)$ 和 $g'(x)$ 不同时为零;

(iv) $g(a) \neq g(b)$,

则存在 $\xi \in (a,b)$, 使得

$$\frac{f'(\xi)}{g'(\xi)} = \frac{f(b) - f(a)}{g(b) - g(a)}.$$

证明从略.

11.1 $\frac{0}{0}$ 型不定式极限

定理 11.1 若函数 $f(x)$ 和 $g(x)$ 满足:

(i) $\lim\limits_{x \to x_0} f(x) = \lim\limits_{x \to x_0} g(x) = 0$;

(ii) 在点 x_0 的某空心邻域 $U^\circ(x_0)$ 内两者都可导, 且 $g'(x) \neq 0$;

(iii) $\lim\limits_{x \to x_0} \dfrac{f'(x)}{g'(x)} = A(A$ 可为实数, 也可为 $\pm\infty$ 或 $\infty)$,
则

$$\lim\limits_{x \to x_0} \frac{f(x)}{g(x)} = \lim\limits_{x \to x_0} \frac{f'(x)}{g'(x)} = A.$$

证明 补充定义 $f(x_0) = g(x_0) = 0$, 使得 f 与 g 在点 x_0 处连续. 任取 $x \in U^\circ(x_0)$, 在

区间 $[x_0, x]$(或 $[x, x_0]$) 上应用柯西中值定理, 有

$$\frac{f(x) - f(x_0)}{g(x) - g(x_0)} = \frac{f'(\xi)}{g'(\xi)},$$

即

$$\frac{f(x)}{g(x)} = \frac{f'(\xi)}{g'(\xi)} \quad (\xi \text{介于} x_0 \text{与} x \text{之间}).$$

当令 $x \to x_0$ 时, 也有 $\xi \to x_0$, 使得

$$\lim_{x \to x_0} \frac{f(x)}{g(x)} = \lim_{x \to x_0} \frac{f'(\xi)}{g'(\xi)} = \lim_{x \to x_0} \frac{f'(x)}{g'(x)} = A.$$

注 若将定理 11.1 中 $x \to x_0$ 换成 $x \to x_0^+, x \to x_0^-, x \to \pm\infty, x \to \infty$, 只要相应地修正条件 (ii) 中的邻域, 也可得到同样的结论.

例 11.1 求 $\lim\limits_{x \to \pi} \dfrac{1 + \cos x}{\tan^2 x}$.

解 容易检验 $f(x) = 1 + \cos x$ 与 $g(x) = \tan^2 x$ 在点 $x_0 = \pi$ 的邻域内满足定理 11.1 的条件 (i) 和 (ii), 又因

$$\lim_{x \to \pi} \frac{f'(x)}{g'(x)} = \lim_{x \to \pi} \frac{-\sin x}{2 \tan x \sec^2 x} = -\lim_{x \to \pi} \frac{\cos^3 x}{2} = \frac{1}{2},$$

故由洛必达法则求得

$$\lim_{x \to \pi} \frac{f(x)}{g(x)} = \lim_{x \to \pi} \frac{f'(x)}{g'(x)} = \frac{1}{2}.$$

如果 $\lim\limits_{x \to x_0} \dfrac{f'(x)}{g'(x)}$ 仍是 $\dfrac{0}{0}$ 型不定式极限, 只要有可能, 我们可再次用洛必达法则, 即考察极限 $\lim\limits_{x \to x_0} \dfrac{f'(x)}{g'(x)}$ 是否存在. 当然这时 f' 和 g' 在 x_0 的某邻域内必须满足定理 11.1 的条件.

例 11.2 求 $\lim\limits_{x \to 0} \dfrac{\mathrm{e}^x - (1 + 2x)^{\frac{1}{2}}}{\ln(1 + x^2)}$.

解 利用 $\ln(1 + x^2) \sim x^2 (x \to 0)$, 则得

$$\lim \frac{\mathrm{e}^x - (1 + 2x)^{\frac{1}{2}}}{\ln(1 + 2x)} = \lim \frac{\mathrm{e}^x - (1 + 2x)^{\frac{1}{2}}}{x^2} = \lim \frac{\mathrm{e}^x - (1 + 2x)^{-\frac{1}{2}}}{2x}$$

$$= \lim \frac{\mathrm{e}^x + (1 + 2x)^{-\frac{3}{2}}}{2} = \frac{2}{2} = 1.$$

例 11.3 求 $\lim\limits_{x \to 0^+} \dfrac{\sqrt{x}}{1 - \mathrm{e}^{\sqrt{x}}}$.

解 这是 $\dfrac{0}{0}$ 型不定式极限, 可直接运用洛必达法则求解. 但若作适当变换, 在计算上可方便些. 为此, 令 $t = \sqrt{x}$, 当 $x \to 0^+$ 时有 $t \to 0^+$, 于是有

$$\lim_{x \to 0^+} \frac{\sqrt{x}}{1 - \mathrm{e}^{\sqrt{x}}} = \lim_{t \to 0^+} \frac{t}{1 - \mathrm{e}^t} = \frac{1}{-\mathrm{e}^t} = -1.$$

11.2　$\dfrac{\infty}{\infty}$ 型不定式极限

定理 11.2　若函数 $f(x)$ 和 $g(x)$ 满足:

(i) $\lim\limits_{x \to x_0^+} f(x) = \lim\limits_{x \to x_0^+} g(x) = \infty$;

(ii) 在某右邻域 $U_+^o(x_0)$ 内两者都可导, 且 $g'(x) \neq 0$;

(iii) $\lim\limits_{x \to x_0^+} \dfrac{f'(x)}{g'(x)} = A(A$ 可为实数, 也可为 $\pm\infty, \infty)$,

则

$$\lim_{x \to x_0^+} \frac{f(x)}{g(x)} = \lim_{x \to x_0^+} \frac{f'(x)}{g'(x)} = A.$$

证明从略.

同定理 11.1, 需要说明的是, 若将定理 11.2 中 $x \to x_0$ 换成 $x \to x_0^+, x \to x_0^-, x \to \pm\infty, x \to \infty$, 只要相应地修正条件 (ii) 中的邻域, 也可得到同样的结论.

例 11.4　求 $\lim\limits_{x \to +\infty} \dfrac{\ln x}{x}$.

解　由定理 11.2, 有

$$\lim_{x \to +\infty} \frac{\ln x}{x} = \lim_{x \to +\infty} \frac{(\ln x)'}{(x)'} = \lim_{x \to +\infty} \frac{1}{x} = 0.$$

例 11.5　求 $\lim\limits_{x \to +\infty} \dfrac{\mathrm{e}^x}{x^3}$.

解　$\lim\limits_{x \to +\infty} \dfrac{\mathrm{e}^x}{x^3} = \lim\limits_{x \to +\infty} \dfrac{\mathrm{e}^x}{3x^2} = \lim\limits_{x \to +\infty} \dfrac{\mathrm{e}^x}{6x} = \lim\limits_{x \to +\infty} \dfrac{\mathrm{e}^x}{6} = +\infty.$

11.3　其他类型不定式极限求法

除 $\dfrac{0}{0}$ 型与 $\dfrac{\infty}{\infty}$ 型的未定式之外, 还有 $0 \cdot \infty, \infty - \infty, 0^0, 1^\infty, \infty^0$ 等不定式, 对这类不定式求极限, 通常是利用代数恒等变形转化为 $\dfrac{0}{0}$ 或 $\dfrac{\infty}{\infty}$ 型, 然后用洛必达法则进行计算.

例 11.6　求 $\lim\limits_{x \to 0^+} x \ln x$.

解　这是 $0 \cdot \infty$ 型, 因此

$$\lim_{x \to 0^+} x \ln x = \lim_{x \to 0^+} \frac{\ln x}{\frac{1}{x}} \xlongequal{\frac{\infty}{\infty}} \lim_{x \to 0^+} \frac{\frac{1}{x}}{-\frac{1}{x^2}} = \lim_{x \to 0^+} \frac{-x^2}{x} = 0.$$

例 11.7　求 $\lim\limits_{x \to 0} \left(\dfrac{1}{\sin x} - \dfrac{1}{x} \right)$.

解　这是 $\infty - \infty$ 型, 因此

$$\lim_{x \to 0} \left(\frac{1}{\sin x} - \frac{1}{x} \right) = \lim_{x \to 0} \frac{x - \sin x}{x \sin x} \xlongequal{\frac{0}{0}} \lim_{x \to 0} \frac{1 - \cos x}{\sin x + x \cos x} \xlongequal{\frac{0}{0}} \lim_{x \to 0} \frac{\sin x}{2 \cos x - x \sin x} = 0.$$

例 11.8　求 $\lim\limits_{x\to\frac{\pi}{4}+}(\tan x)^{\tan 2x}$.

解　这是 1^∞ 型, 因此

$$\lim_{x\to\frac{\pi}{4}+}(\tan x)^{\tan 2x}=\lim_{x\to\frac{\pi}{4}+}\mathrm{e}^{\tan 2x\ln\tan x}=\mathrm{e}^{\lim\limits_{x\to\frac{\pi}{4}+}\frac{\ln\tan x}{\cot 2x}}$$

$$=\mathrm{e}^{\lim\limits_{x\to\frac{\pi}{4}+}\left(-\frac{\sin^2 2x}{2\sin x\cos x}\right)}=\frac{1}{\mathrm{e}}.$$

习　题　11

用洛必达法则求下列极限:

(1) $\lim\limits_{x\to\pi}\dfrac{\sin(x-\pi)}{x-\pi}$;

(2) $\lim\limits_{x\to 0}\dfrac{\tan 3x}{\tan 2x}$;

(3) $\lim\limits_{x\to+\infty}\dfrac{\ln x}{x^n}(n>0)$;

(4) $\lim\limits_{x\to\alpha}\dfrac{x^m-\alpha^m}{x^n-\alpha^n}(\alpha\neq 0,m,n$ 为常数$)$;

(5) $\lim\limits_{x\to 0}\dfrac{\ln(1+x)}{x^2}$;

(6) $\lim\limits_{x\to+\infty}\dfrac{\ln\left(1+\dfrac{1}{x}\right)}{\mathrm{arccot}x}$;

(7) $\lim\limits_{x\to 0}\dfrac{\mathrm{e}^x-\mathrm{e}^{-x}-2x}{x-\sin x}$;

(8) $\lim\limits_{x\to 0+}\dfrac{\ln\tan 7x}{\ln\tan 2x}$.

模块12
导数的应用

12.1 函数的单调性

定理 12.1(函数单调性的判定法) 设函数 $f(x)$ 在 $[a,b]$ 上连续, 在 (a,b) 内可导.

(1) 如果在 (a,b) 内 $f'(x) > 0$, 那么函数 $y = f(x)$ 在 $[a,b]$ 上单调增加;

(2) 如果在 (a,b) 内 $f'(x) < 0$, 那么函数 $y = f(x)$ 在 $[a,b]$ 上单调减少.

证明从略.

注 判定法中的闭区间可换成其他各种区间.

例 12.1 确定函数 $f(x) = 2x^3 - 9x^2 + 12x - 3$ 的单调区间.

解 这个函数的定义域为: $(-\infty, +\infty)$.

函数的导数为: $f'(x) = 6x^2 - 18x + 12 = 6(x-1)(x-2)$, 导数为零的点有两个: $x_1 = 1$, $x_2 = 2$.

列表分析:

x	$(-\infty, 1]$	$[1,2]$	$[2, +\infty)$
$f'(x)$	$+$	$-$	$+$
$f(x)$	↗	↘	↗

函数 $f(x)$ 在区间 $(-\infty, 1]$ 和 $[2, +\infty)$ 内单调增加, 在区间 $[1,2]$ 上单调减少.

12.2 函数的极值

定义 12.1 设函数 $f(x)$ 在点 x_0 的某邻域 $U(x_0)$ 内有定义, 如果在去心邻域 $U^{\circ}(x_0)$ 内有 $f(x) < f(x_0)$ (或 $f(x) > f(x_0)$), 则称 $f(x_0)$ 是函数 $f(x)$ 的一个极大值 (或极小值).

函数的极大值与极小值统称为函数的极值, 使函数取得极值的点称为极值点.

函数的极大值和极小值概念是局部性的. 如果 $f(x_0)$ 是函数 $f(x)$ 的一个极大值, 那只是就 x_0 附近的一个局部范围来说, $f(x_0)$ 是 $f(x)$ 的一个最大值; 如果就 $f(x)$ 的整个定义域来说, $f(x_0)$ 不一定是最大值. 关于极小值也类似.

定理 12.2(极值存在的必要条件) 设函数 $f(x)$ 在点 x_0 处可导, 且在 x_0 处取得极值, 那么这函数在 x_0 处的导数为零, 即 $f'(x_0) = 0$.

证明从略.

注 定理 12.2 仅是极值存在的必要条件, 而非充分条件. 如函数 $y = x^3$, 在 $x = 0$ 处有 $y'|_{x=0} = 0$, 但 $y|_{x=0} = 0$ 不是极值.

驻点 使导数为零的点 (即方程 $f'(x) = 0$ 的实根) 叫函数 $f(x)$ 的驻点. 定理 12.2 就是说: 可导函数 $f(x)$ 的极值点必定是函数的驻点. 但反过来, 函数 $f(x)$ 的驻点却不一定是极值点.

定理 12.3 (极值存在的第一充分条件) 设函数 $f(x)$ 在 x_0 连续, 且在 x_0 的某去心邻域 $U^o(x_0)$ 内可导.

(1) 如果在 $(x_0 - \delta, x_0)$ 内 $f'(x) > 0$, 在 $(x_0, x_0 + \delta)$ 内 $f'(x) < 0$, 那么函数 $f(x)$ 在 x_0 处取得极大值;

(2) 如果在 $(x_0 - \delta, x_0)$ 内 $f'(x) < 0$, 在 $(x_0, x_0 + \delta)$ 内 $f'(x) > 0$, 那么函数 $f(x)$ 在 x_0 处取得极小值;

(3) 如果在 $(x_0 - \delta, x_0)$ 及 $(x_0, x_0 + \delta)$ 内 $f'(x)$ 的符号相同, 那么函数 $f(x)$ 在 x_0 处没有极值.

证明从略.

确定极值点和极值的步骤

(1) 求出导数 $f'(x)$;

(2) 求出 $f(x)$ 的全部驻点和不可导点;

(3) 列表判断 (考察 $f'(x)$ 的符号在每个驻点和不可导点的左右邻近的情况, 以便确定该点是否是极值点, 如果是极值点, 还要按定理 12.3 确定对应的函数值是极大值还是极小值);

(4) 确定出函数的所有极值点和极值.

例 12.2 求函数 $f(x) = \dfrac{2x}{1 + x^2}$ 的极值.

解 (1) $f(x)$ 在 $(-\infty, +\infty)$ 内连续, 且处处可导,

$$f'(x) = \frac{2(1 - x)(1 + x)}{(1 + x^2)^2};$$

(2) 令 $f'(x) = 0$, 得驻点 $x = 1$ 和 $x = -1$;

(3) 列表判断

x	$(-\infty, -1)$	-1	$(-1, 1)$	1	$(1, +\infty)$
$f'(x)$	$-$	0	$+$	0	$-$
$f(x)$	$\searrow$	极小值 -1	$\nearrow$	极大值 $+1$	$\searrow$

(4) 极小值为 $f(-1) = -1$, 极大值为 $f(1) = 1$.

定理 12.4 (极值存在的第二充分条件) 设函数 $f(x)$ 在点 x_0 处具有二阶导数且 $f'(x_0) = 0$, $f''(x_0) \neq 0$, 那么

(1) 当 $f''(x_0) < 0$ 时, 函数 $f(x)$ 在 x_0 处取得极大值;

(2) 当 $f''(x_0) > 0$ 时, 函数 $f(x)$ 在 x_0 处取得极小值.

证明从略.

例 12.3　求函数 $f(x) = (x^2 - 1)^3 + 1$ 的极值.

解　(1) $f'(x) = 6x(x^2 - 1)^2$;

(2) 令 $f'(x_0) = 0$, 求得驻点 $x_1 = -1$, $x_2 = 0$, $x_3 = 1$;

(3) $f''(x) = 6(x^2 - 1)(5x^2 - 1)$;

(4) 因 $f''(0) = 6 > 0$, 所以 $f(x)$ 在 $x = 0$ 处取得极小值, 极小值为 $f(0) = 0$;

(5) 因 $f''(-1) = f''(1) = 0$, 用定理 12.4 无法判别. 因为在 -1 的左右邻域内 $f'(x) < 0$, 所以 $f(x)$ 在 -1 处没有极值; 同理, $f(x)$ 在 $x = 1$ 处也没有极值.

12.3　函数最值的求法

设 $f(x)$ 在 (a, b) 内的驻点和不可导点 (它们是可能的极值点) 为 $x_1, x_2, \cdots, x_n$, 则比较 $f(a)$, $f(x_1), \cdots, f(x_n)$, $f(b)$ 的大小, 其中最大的便是函数 $f(x)$ 在 $[a, b]$ 上的最大值, 最小的便是函数 $f(x)$ 在 $[a, b]$ 上的最小值.

例 12.4　求函数 $f(x) = x^5 - 5x^4 + 5x^3 + 1$ 在 $[-1, 2]$ 上的最大值与最小值.

解　$f'(x) = 5x^2(x - 3)(x - 1)$, $x \in [-1, 2]$, 令 $f'(x) = 5x^2(x - 3)(x - 1) = 0$, 可解得在 $[-1, 2]$ 内, $f(x)$ 的驻点为 $x = 0$ 和 $x = 1$.

由于 $f(0) = -10$, $f(0) = 1$, $f(1) = 2$, $f(2) = -7$, 故 $f(x)$ 在 $x = 1$ 处取得它在 $[-1, 2]$ 上的最大值 2, 在 $x = 0$ 处取它在 $[-1, 2]$ 上的最小值 -10.

注　应当指出, 实际问题中, 往往根据问题的性质就可以断定函数 $f(x)$ 确有最大值或最小值, 而且一定在定义区间内部取得, 这时如果 $f(x)$ 在定义区间内部只有一个驻点 x_0, 那么不必讨论 $f(x_0)$ 是否是极值, 就可以断定 $f(x_0)$ 是最大值或最小值.

习　题　12

1. 求函数 $f(x) = x^3 - 2x^2 + x$ 的单调区间.

2. 求函数 $f(x) = 3x^3 - x + 1$ 的极值.

3. 已知函数 $f(x) = x^3 - 3ax^2 + 2bx$ 在点 $x = 1$ 处有极小值 -1, 试确定 a, b 的值, 并求出 $f(x)$ 的单调区间.

4. 已知函数 $f(x) = x^3 + ax^2 + bx + c$, 当 $x = -1$ 时, 取得极大值 7, 当 $x = 3$ 时, 取得极小值, 求这个极小值及 a, b, c 的值.

5. 已知函数 $f(x) = ax^3 + bx + c$ 在 $x = 2$ 处取得极值为 $c - 16$, 求

(1) a, b 的值;

(2) 若 $f(x)$ 有极大值 28, 求 $f(x)$ 在 $[-3, 3]$ 上的最大值.

模块13
定积分的概念与性质

13.1 引 例

13.1.1 曲边梯形的面积问题

曲边梯形三边为直线, 其中有两边相互平行且与第三边垂直 (底边), 第四边是一条曲线, 它与垂直于底边的直线至多有一个交点 (这里不排除某直线缩成一点).

用矩形面积近似取代曲边梯形面积, 如图 13.1 所示, 显然, 小矩形越多, 矩形面积和越接近曲边梯形面积.

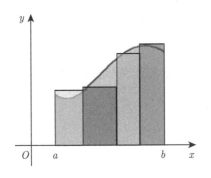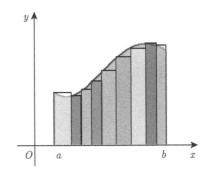

图 13.1

问题 设函数 $y = f(x)$ 在区间 $[a,b]$ 上非负、连续. 求直线 $x = a, x = b, y = 0$ 及曲线 $y = f(x)$ 所围成的曲边梯形的面积.

求曲边梯形的面积的近似值:

将曲边梯形分割成一些小的曲边梯形, 每个小曲边梯形都用一个等宽的小矩形代替, 每个小曲边梯形的面积都近似地等于小矩形的面积, 则所有小矩形面积的和就是曲边梯形面积的近似值. 具体方法是: 在区间 $[a,b]$ 中任意插入若干个分点

$$a = x_0 < x_1 < x_2 < \cdots < x_i < \cdots x_{n-1} < x_n = b,$$

把 $[a,b]$ 分成 n 个小区间 $[x_0,x_1], [x_1,x_2], [x_2,x_3], \cdots, [x_{n-1},x_n]$ 它们的长度依次为

$$\Delta x_1 = x_1 - x_0, \Delta x_2 = x_2 - x_1, \cdots, \Delta x_n = x_n - x_{n-1},$$

经过每一个分点作平行于 y 轴的直线段, 把曲边梯形分成 n 个窄曲边梯形. 在每个小区间 $[x_{i-1}, x_i]$ 上任取一点 ξ_i, 以 $[x_{i-1}, x_i]$ 为底、$f(\xi_i)$ 为高的窄矩形近似替代第 i 个窄曲边梯形 $(i = 1 \cdots n)$, 把这样得到的 n 个窄矩阵形面积之和作为所求曲边梯形面积 A 的近似值, 即

$$A \approx f(\xi_1)\Delta x_1 + f(\xi_2)\Delta x_2 + \cdots + f(\xi_n)\Delta x_n = \sum_{i=1}^{n} f(\xi_i)\Delta x_i.$$

求曲边梯形的面积的精确值

显然, 分点越多、每个小曲边梯形越窄, 所求得的曲边梯形面积 A 的近似值就越接近曲边梯形面积 A 的精确值, 因此, 要求曲边梯形面积 A 的精确值, 只需无限地增加分点, 使每个小曲边梯形的宽度趋于零. 记 $\lambda = \max\{\Delta x_1, \Delta x_2, \cdots, \Delta x_n\}$, 于是, 上述增加分点, 使每个小曲边梯形的宽度趋于零, 相当于令 $\lambda \to 0$. 所以曲边梯形的面积为

$$A = \lim_{\lambda \to 0} \sum_{i=1}^{n} f(\xi_i)\Delta x_i.$$

计算步骤如下:

(1) **分割**　用分点 $a = x_0 < x_1 < x_2 < \cdots < x_i < \cdots x_{n-1} < x_n = b$ 把区间 $[a, b]$ 分成 n 个小区间: $[x_0, x_1], [x_1, x_2], [x_2, x_3], \cdots, [x_{n-1}, x_n]$, 记 $\Delta x_i = x_i - x_{i-1}(i = 1, 2 \cdots n)$.

(2) **近似求和**　任取 $\xi_i \in [x_{i-1}, x_i]$, 以 $[x_{i-1}, x_i]$ 为底的小曲边梯形的面积可近似为 $f(\xi_i)\Delta x_i, i = 1, 2, \cdots, n$; 所求曲边梯形面积 A 的近似值为

$$A \approx \sum_{i=1}^{n} f(\xi_i)\Delta x_i.$$

(3) **取极限**　记 $\lambda = \max\{\Delta x_1, \Delta x_2, \cdots, \Delta x_n\}$, 所以曲边梯形面积的精确值为

$$A = \lim_{\lambda \to 0} \sum_{i=1}^{n} f(\xi_i)\Delta x_i.$$

13.1.2　变速直线运动的路程问题

设物体做直线运动, 已知速度 $v = v(t)$ 是时间间隔 $[T_1, T_2]$ 上 t 的连续函数, 且 $v(t) \geqslant 0$, 计算在这段时间内物体所经过的路程 S.

求近似路程

我们把时间间隔 $[T_1, T_2]$ 分成 n 个小的时间间隔 Δt_i, 在每个小的时间间隔 Δt_i 内, 物体运动看成是匀速的, 其速度近似为物体在时间间隔 Δt_i 内某点 τ_i 的速度 $v(\tau_i)$, 物体在时间间隔 Δt_i 内运动的距离近似为 $\Delta S_i = v(\tau_i)\Delta t_i$. 把物体在每一小的时间间隔 Δt_i 内运动的距离加起来作为物体在时间间隔 $[T_1, T_2]$ 内所经过的路程 S 的近似值. 具体做法是:

在时间间隔 $[T_1, T_2]$ 内任意插入若干个分点

$$T_1 = t_0 < t_1 < t_2 < \cdots < t_i < \cdots < t_{n-1} < t_n = T_2,$$

把 $[T_1, T_2]$ 分成 n 个小段 $[t_0, t_1], [t_1, t_2], [t_2, t_3], \cdots, [t_{n-1}, t_n]$, 各小段时间的长依次为

$$\Delta t_1 = t_1 - t_0, \Delta t_2 = t_2 - t_1, \cdots, \Delta t_n = t_n - t_{n-1}.$$

相应地, 在各段时间内物体经过的路程依次为 $\Delta S_1, \Delta S_2, \cdots, \Delta S_n$.

在时间间隔 $[t_{i-1}, t_i]$ 上任取一个时刻 $\tau_i(t_{i-1} < \tau_i < t_i)$, 以 τ_i 时刻的速度 $v(\tau_i)$ 来代替 $[t_{i-1}, t_i]$ 上各个时刻的速度, 得到部分路程 ΔS_i 的近似值, 即

$$\Delta S_i = v(\tau_i)\Delta t_i, \quad i = 1, 2, \cdots, n.$$

于是这 n 段部分路程的近似值之和就是所求变速直线运动路程 s 的近似值, 即

$$S \approx \sum_{i=1}^{n} v(\tau_i)\Delta t_i$$

求精确值

记 $\lambda = \max\{\Delta t_1, \Delta t_2, \cdots, \Delta t_n\}$, 当 $\lambda \to 0$ 时, 取上述和式的极限, 即得变速直线运动的路程

$$S = \lim_{\lambda \to 0} \sum_{i=1}^{n} v(\tau_i)\Delta t_i.$$

计算步骤如下

(1) **分割**　用分点 $T_1 = t_0 < t_1 < t_2 < \cdots < t_i < \cdots t_{n-1} < t_n = T_2$ 把时间间隔 $[T_1, T_2]$ 分成 n 个小时间段: $[t_0, t_1], [t_1, t_2], [t_2, t_3], \cdots, [t_{n-1}, t_n]$, 记 $\Delta t_i = t_i - t_{i-1}(i = 1, 2, \cdots, n)$.

(2) **近似求和**　任取 $\tau_i \in [t_{i-1}, t_i]$, 在时间段 $[t_{i-1}, t_i]$ 内物体所经过的路程可近似为 $v(\tau_i)\Delta t_i(i = 1, 2, \cdots, n)$. 所求路程 S 的近似值为

$$S \approx \sum_{i=1}^{n} v(\tau_i)\Delta t_i.$$

(3) **取极限**　记 $\lambda = \max\{\Delta t_1, \Delta t_2, \cdots, \Delta t_n\}$, 所求路程的精确值为

$$S = \lim_{\lambda \to 0} \sum_{i=1}^{n} v(\tau_i)\Delta t_i.$$

13.2　定积分的定义

由上面讨论问题的具体意义, 抓住它们在数量关系上共同的本质与特性加以概括, 就抽象出下述定积分的定义.

定义 13.1　设函数 $f(x)$ 在 $[a, b]$ 上有界, 在 $[a, b]$ 中任意插入若干个分点

$$a = x_0 < x_1 < x_2 < \cdots < x_{n-1} < x_n = b,$$

把区间 $[a, b]$ 分成 n 个小区间

$$[x_0, x_1], [x_1, x_2], [x_2, x_3], \cdots, [x_{n-1}, x_n],$$

各小段区间的长依次为

$$\Delta x_1 = x_1 - x_0, \Delta x_2 = x_2 - x_1, \cdots, \Delta x_n = x_n - x_{n-1}.$$

在每个小区间 $[x_{i-1}, x_i]$ 上任取一个点 $\xi_i(x_{i-1} < \xi_i < x_i)$, 作函数值 $f(\xi_i)$ 与小区间长度 Δx_i 的乘积 $f(\xi_i)\Delta x_i(i=1,2,\cdots,n)$, 并作出和

$$S = \sum_{i=1}^{n} f(\xi_i)\Delta x_i.$$

记 $\lambda = \max\{\Delta x_1, \Delta x_2, \cdots, \Delta x_n\}$, 如果不论对 $[a,b]$ 怎样分, 也不论在小区间 $[x_{i-1}, x_i]$ 上点 ξ_i 怎样取, 只要当 $\lambda \to 0$ 时, 和 S 总趋于确定的极限 I, 这时我们称这个极限 I 为函数 $f(x)$ 在区间 $[a,b]$ 上的定积分, 记作 $\int_a^b f(x)\mathrm{d}x$, 即

$$\int_a^b f(x)\mathrm{d}x = \lim_{\lambda \to 0} \sum_{i=1}^{n} f(\xi_i)\Delta x_i.$$

其中 $f(x)$ 叫做被积函数, $f(x)\mathrm{d}x$ 叫做被积表达式, x 叫做积分变量, a 叫做积分下限, b 叫做积分上限, $[a,b]$ 叫做积分区间.

根据定积分的定义, 曲边梯形的面积为 $A = \int_a^b f(x)\mathrm{d}x$; 变速直线运动的路程 $S = \int_{T_1}^{T_2} v(t)\mathrm{d}t$.

注 (1) 定积分的值只与被积函数及积分区间有关, 而与积分变量的记法无关, 即

$$\int_a^b f(x)\mathrm{d}x = \int_a^b f(t)\mathrm{d}t = \int_a^b f(u)\mathrm{d}u.$$

(2) 和 $\sum_{i=1}^{n} f(\xi_i)\Delta x_i$ 通常称为 $f(x)$ 的积分和.

(3) 如果函数 $f(x)$ 在 $[a,b]$ 上的定积分存在, 我们就说 $f(x)$ 在区间 $[a,b]$ 上可积.

函数 $f(x)$ 在 $[a,b]$ 上满足什么条件时, $f(x)$ 在 $[a,b]$ 上可积呢?

定理 13.1 设 $f(x)$ 在区间 $[a,b]$ 上连续, 则 $f(x)$ 在 $[a,b]$ 上可积.

定理 13.2 设 $f(x)$ 在区间 $[a,b]$ 上有界, 且只有有限个间断点, 则 $f(x)$ 在 $[a,b]$ 上可积.

例 13.1 利用定义计算定积分 $\int_0^1 x^2\mathrm{d}x$.

解 把区间 $[0,1]$ 分成 n 等份, 分点为 $x_i = \dfrac{i}{n}, i=1,2,\cdots,n$, 小区间长度为 $\Delta x_i = \dfrac{1}{n}$, $(i=1,2,\cdots,n)$. 取 $\xi_i = \dfrac{i}{n}, i=1,2,\cdots,n$, 作积分和

$$\sum_{i=1}^{n} f(\xi_i)\Delta x_i = \sum_{i=1}^{n} \xi_i^2 \Delta x_i = \sum_{i=1}^{n} \left(\frac{i}{n}\right)^2 \cdot \frac{1}{n} = \frac{1}{n^3} \sum_{i=1}^{n} i^2$$

$$= \frac{1}{n^3} \cdot \frac{1}{6} n(n+1)(2n+1) = \frac{1}{6}\left(1+\frac{1}{n}\right)\left(2+\frac{1}{n}\right).$$

因为 $\lambda = \dfrac{1}{n}$, 当 $\lambda \to 0$ 时, $n \to \infty$, 所以

$$\int_0^1 x^2\mathrm{d}x = \lim_{\lambda \to 0} \sum_{i=1}^{n} f(\xi_i)\Delta x_i = \lim_{n \to \infty} \frac{1}{6}\left(1+\frac{1}{n}\right)\left(2+\frac{1}{n}\right) = \frac{1}{3}.$$

13.3 定积分的几何意义

在区间 $[a,b]$ 上, 当 $f(x) \geqslant 0$ 时, 积分 $\int_a^b f(x)\mathrm{d}x$ 在几何上表示由曲线 $y = f(x)$、两条直线 $x = a, x = b$ 与 x 轴所围成的曲边梯形的面积; 当 $f(x) \leqslant 0$ 时, 由曲线 $y = f(x)$、两条直线 $x = a, x = b$ 与 x 轴所围成的曲边梯形位于 x 轴的下方, 定义分在几何上表示上述曲边梯形面积的负值.

$$\int_a^b f(x)\mathrm{d}x = \lim_{\lambda \to 0} \sum_{i=1}^n f(\xi_i)\Delta x_i = -\lim_{\lambda \to 0} \sum_{i=1}^n [-f(\xi_i)]\Delta x_i = -\int_a^b [-f(x)]\mathrm{d}x.$$

当 $f(x)$ 既取得正值又取得负值时, 函数 $f(x)$ 的图形某些部分在 x 轴的上方, 而其他部分在 x 轴的下方. 如果我们对面积赋以正负号, 在 x 轴上方的图形面积赋以正号, 在 x 轴下方的图形面积赋以负号, 则在一般情形下, 定积分 $\int_a^b f(x)\mathrm{d}x$ 的几何意义为: 它是介于 x 轴、函数 $f(x)$ 的图形及两条直线 $x = a, x = b$ 之间的各部分面积的代数和.

例 13.2 用定积分的几何意义求 $\int_0^1 (1-x)\mathrm{d}x$.

解 函数 $y = 1-x$ 在区间 $[0,1]$ 上的定积分是以 $y = 1-x$ 为曲边, 以区间 $[0,1]$ 为底的曲边梯形的面积. 因为以 $y = 1-x$ 为曲边, 以区间 $[0,1]$ 为底的曲边梯形是一直角三角形, 其底边长及高均为 1, 所以

$$\int_0^1 (1-x)\mathrm{d}x = \frac{1}{2} \times 1 \times 1 = \frac{1}{2}.$$

13.4 定积分的性质

两点规定:

(1) 当 $a = b$ 时, $\int_a^b f(x)\mathrm{d}x = 0$.

(2) 当 $a < b$ 时, $\int_a^b f(x)\mathrm{d}x = -\int_b^a f(x)\mathrm{d}x$.

性质 13.1 函数的和 (差) 的定积分等于它们的定积分的和 (差), 即

$$\int_a^b [f(x) \pm g(x)]\mathrm{d}x = \int_a^b f(x)\mathrm{d}x \pm \int_a^b g(x)\mathrm{d}x.$$

证明
$$\int_a^b [f(x) \pm g(x)]\mathrm{d}x = \lim_{\lambda \to 0} \sum_{i=1}^n [f(\xi_i) \pm g(\xi_i)]\Delta x_i$$
$$= \lim_{\lambda \to 0} \sum_{i=1}^n f(\xi_i)\Delta x_i \pm \lim_{\lambda \to 0} \sum_{i=1}^n g(\xi_i)\Delta x_i$$
$$= \int_a^b f(x)\mathrm{d}x \pm \int_a^b g(x)\mathrm{d}x.$$

性质 13.2　被积函数的常数因子可以提到积分号外面, 即

$$\int_a^b kf(x)\mathrm{d}x = k\int_a^b f(x)\mathrm{d}x.$$

这是因为 $\displaystyle\int_a^b kf(x)\mathrm{d}x = \lim_{\lambda\to 0}\sum_{i=1}^n kf(\xi_i)\Delta x_i = k\lim_{\lambda\to 0}\sum_{i=1}^n f(\xi_i)\Delta x_i = k\int_a^b f(x)\mathrm{d}x.$

性质 13.3　如果将积分区间分成两部分, 则在整个区间上的定积分等于这两部分区间上定积分之和, 即

$$\int_a^b f(x)\mathrm{d}x = \int_a^c f(x)\mathrm{d}x + \int_c^b f(x)\mathrm{d}x,$$

这个性质表明定积分对于积分区间具有可加性. 值得注意的是不论 a,b,c 的相对位置如何, 总有等式 $\displaystyle\int_a^b f(x)\mathrm{d}x = \int_a^c f(x)\mathrm{d}x + \int_c^b f(x)\mathrm{d}x$ 成立. 例如, 当 $a < b < c$ 时, 由于 $\displaystyle\int_a^c f(x)\mathrm{d}x = \int_a^b f(x)\mathrm{d}x + \int_b^c f(x)\mathrm{d}x$, 于是有

$$\int_a^b f(x)\mathrm{d}x = \int_a^c f(x)\mathrm{d}x - \int_b^c f(x)\mathrm{d}x = \int_a^c f(x)\mathrm{d}x + \int_c^b f(x)\mathrm{d}x.$$

性质 13.4　如果在区间 $[a,b]$ 上 $f(x) \equiv 1$ 则

$$\int_a^b 1\mathrm{d}x = \int_a^b \mathrm{d}x = b - a.$$

性质 13.5　如果在区间 $[a,b]$ 上 $f(x) \geqslant 0$, 则

$$\int_a^b f(x)\mathrm{d}x \geqslant 0 \quad (a < b).$$

推论 13.1　如果在区间 $[a,b]$ 上 $f(x) \leqslant g(x)$ 则

$$\int_a^b f(x)\mathrm{d}x \leqslant \int_a^b g(x)\mathrm{d}x \quad (a < b).$$

这是因为 $g(x) - f(x) \geqslant 0$, 从而 $\displaystyle\int_a^b g(x)\mathrm{d}x - \int_a^b f(x)\mathrm{d}x = \int_a^b [g(x)-f(x)]\mathrm{d}x \geqslant 0$, 所以

$$\int_a^b f(x)\mathrm{d}x \leqslant \int_a^b g(x)\mathrm{d}x.$$

推论 13.2　$\left|\displaystyle\int_a^b f(x)\mathrm{d}x\right| \leqslant \int_a^b |f(x)|\,\mathrm{d}x(a < b).$

这是因为 $-|f(x)| \leqslant f(x) \leqslant |f(x)|$, 所以 $-\displaystyle\int_a^b |f(x)|\mathrm{d}x \leqslant \int_a^b f(x)\mathrm{d}x \leqslant \int_a^b |f(x)|\mathrm{d}x$, 即

$$\left|\int_a^b f(x)\mathrm{d}x\right| \leqslant \int_a^b |f(x)|\mathrm{d}x \quad (a < b).$$

性质 13.6　　设 M 及 m 分别是函数 $f(x)$ 在区间 $[a,b]$ 上的最大值及最小值, 则

$$m(b-a) \leqslant \int_a^b f(x)\mathrm{d}x \leqslant M(b-a) \quad a < b.$$

证明　　因为 $m \leqslant f(x) \leqslant M$, 所以 $\int_a^b m\mathrm{d}x \leqslant \int_a^b f(x)\mathrm{d}x \leqslant \int_a^b M\mathrm{d}x$, 从而

$$m(b-a) \leqslant \int_a^b f(x)\mathrm{d}x \leqslant M(b-a).$$

性质 13.7 (定积分中值定理)　　如果函数 $f(x)$ 在闭区间 $[a,b]$ 上连续, 则在积分区间 $[a,b]$ 上至少存在一个点 ξ, 使下式成立:

$$\int_a^b f(x)\mathrm{d}x = f(\xi)(b-a).$$

这个公式叫做积分中值公式.

证明　　由性质 13.6 $m(b-a) \leqslant \int_a^b f(x)\mathrm{d}x \leqslant M(b-a)$, 各项除以 $b-a$ 得

$$m \leqslant \frac{1}{b-a} \int_a^b f(x)\mathrm{d}x \leqslant M,$$

再由连续函数的介值定理, 在 $[a,b]$ 上至少存在一点 ξ, 使 $f(\xi) = \dfrac{1}{b-a} \int_a^b f(x)\mathrm{d}x$, 于是两端乘以 $(b-a)$ 得中值公式 $\int_a^b f(x)\mathrm{d}x = f(\xi)(b-a)$.

积分中值公式的几何解释: 一条连续曲线 $y = f(x)$ 在 $[a,b]$ 上的曲边梯形面积等于区间 $[a,b]$ 长度为底, $[a,b]$ 中一点 ξ 的函数值为高的矩形面积.

应注意: 不论 $a < b$ 还是 $a > b$, 积分中值公式都成立.

习　题　13

1. 按定积分定义证明: $\int_a^b k\mathrm{d}x = k(b-a)$.

2. 通过对积分区间作等分分割, 并取适当的点集 ξ_i, 把定积分看作是对应的积分和的极限来计算下列定积分:

(1) $\int_0^1 x^3\mathrm{d}x$;　　　　　　　　　　　(2) $\int_0^1 \mathrm{e}^x\mathrm{d}x$.

3. 根据定积分的性质, 说明下列积分哪一个的值较大?

(1) $\int_0^1 x^2\mathrm{d}x$ 与 $\int_0^1 x^3\mathrm{d}x$;　　　　　　(2) $\int_1^2 x^2\mathrm{d}x$ 与 $\int_1^2 x^2\mathrm{d}x$;

(3) $\int_1^2 \ln x\mathrm{d}x$ 与 $\int_1^2 (\ln x)^2\mathrm{d}x$;　　　　(4) $\int_{-2}^{-1} \left(\dfrac{1}{3}\right)^x \mathrm{d}x$ 与 $\int_{-2}^{-1} 3^x\mathrm{d}x$.

模块14
不定积分及其性质

14.1 原函数与不定积分

14.1.1 原函数

在微分学中, 我们已经讨论了已知函数求导数 (或微分) 的问题. 但是在科学技术和经济问题中, 我们经常需要解决与求导数 (或微分) 相反的问题, 即已知函数的导数 (或微分), 求其函数本身.

看以下两个问题:

例如, 已知某产品的成本 C 是其产量 x 的函数 $C = C(x)$, 则该产品成本关于产量的变化率 (边际成本) 是成本对产量的导数 $C'(x)$. 反之, 若已知成本的变化率 $C'(x)$, 求该产品的成本函数 $C = C(x)$, 是一个与求导数相反的问题.

再例如已知曲线 $y = x^2 + 1$ 在 $x = 0$ 处切线的斜率是函数在该点的导数值, 即 $k = y'|_{x=0} = 0$.

但是, 如果已知某曲线在 $x = 0$ 处的切线斜率为 0, 求该曲线的方程, 也是一个与求导数相反的问题.

定义 14.1 若在某个区间 I 上, 函数 $F(x)$ 与 $f(x)$ 满足关系式:

$$F'(x) = f(x) \quad 或 \quad \mathrm{d}F(x) = f(x)\mathrm{d}x,$$

则称 $F(x)$ 为 $f(x)$ 在 I 上的一个**原函数**.

例如: $(x^2)' = 2x$, 故 x^2 是 $2x$ 在 $\mathbf{R}$ 上的一个原函数; 而 $(\sin x)' = \cos x$, 故 $\sin x$ 是 $\cos x$ 在 $\mathbf{R}$ 上的一个原函数.

然而 $(x^2 + 1)' = 2x, (x^2 - \sqrt{2})' = 2x$, 说明 $x^2, x^2 + 1, x^2 - \sqrt{2}$ 等都是 $2x$ 的原函数, 于是, 我们自然会想到以下两个问题:

(1) 已知函数 $f(x)$ 应具备什么条件才能保证它存在原函数?

(2) 如果 $f(x)$ 存在原函数, 那么它的原函数有几个? 相互之间有什么关系?

定理 14.1 (原函数存在定理) 如果函数 $f(x)$ 在某区间 I 上连续, 则 $f(x)$ 在 I 上一定存在原函数.

定理 14.2　如果函数 $F(x)$ 是 $f(x)$ 的一个原函数, 则 $f(x)$ 有无限多个原函数, 且 $F(x)+C$ 就是 $f(x)$ 的所有原函数.

证明　因为 $F(x)$ 是 $f(x)$ 的一个原函数, 则有 $F'(x)=f(x)$, 而

$$(F(x)+C)' = F'(x) + C' = f(x),$$

说明对任意的常数 C, $F(x)+C$ 都是 $f(x)$ 的原函数, 即 $f(x)$ 有无穷多个原函数.

又设 $F(x)$ 和 $G(x)$ 是 $f(x)$ 的两个不同的原函数, 则有 $F'(x)=f(x)$ 和 $G'(x)=f(x)$, 从而有

$$(F(x)-G(x))' = F'(x) - G'(x) = f(x) - f(x) = 0,$$

根据拉格朗日中值定理的推论, 于是有 $F(x)-G(x)=C$, 即

$$F(x) = G(x) + C,$$

说明 $f(x)$ 的任意两个原函数之间至多相差一个常数, 则 $f(x)$ 的所有原函数可表示成 $F(x)+C$.

14.1.2　不定积分

定义 14.2　若函数 $F(x)$ 是 $f(x)$ 的一个原函数, 则把 $f(x)$ 的全体原函数 $F(x)+C$ 称为 $f(x)$ 的不定积分, 记作 $\int f(x)\mathrm{d}x$, 即

$$\int f(x)\mathrm{d}x = F(x) + C.$$

其中 $\int$ 叫做积分号, $f(x)$ 叫做被积函数, $f(x)\mathrm{d}x$ 叫做被积表达式, x 叫做积分变量.

例 14.1　求 $\int x^2 \mathrm{d}x$.

解　由于 $\left(\dfrac{x^3}{3}\right)' = x^2$, 所以, $\dfrac{1}{3}x^3$ 是 x^2 的一个原函数, 因此

$$\int x^2 \mathrm{d}x = \frac{1}{3}x^3 + C.$$

例 14.2　计算不定积分 $\int \sin x \mathrm{d}x$.

解　因为 $(-\cos x)' = \sin x$, 所以

$$\int \sin x \mathrm{d}x = -\cos x + C.$$

例 14.3　求不定积分 $\int \dfrac{1}{x}\mathrm{d}x \, (x \neq 0)$.

解　当 $x > 0$ 时, $(\ln x)' = \dfrac{1}{x}$, 所以 $\int \dfrac{1}{x}\mathrm{d}x = \ln x + C$;

当 $x < 0$ 时, $[\ln(-x)]' = \dfrac{1}{-x}(-1) = \dfrac{1}{x}$, 所以 $\displaystyle\int \dfrac{1}{x}\mathrm{d}x = \ln(-x) + C$.

由绝对值的性质有

$$\ln|x| = \begin{cases} \ln x, & x > 0, \\ \ln(-x), & x < 0, \end{cases}$$

从而

$$\int \dfrac{1}{x}\mathrm{d}x = \ln|x| + C \quad (x \neq 0).$$

例 14.4　求在平面上经过点 $(0,1)$, 且在任一点处的斜率为其横坐标的三倍的曲线方程.

解　设曲线方程为 $y = f(x)$, 由于在任一点 (x,y) 处的切线斜率 $k = 3x$, 则有 $y' = 3x$, 即

$$y = \int 3x\mathrm{d}x = \dfrac{3}{2}x^2 + C.$$

又由于曲线经过点 $(0,1)$, 得 $C = 1$, 所以 $y = \dfrac{3}{2}x + 1$.

例 14.5　某工厂生产某产品, 每日生产的总成本 y 的变化率 (边际成本) 是 $y' = 5 + \dfrac{1}{\sqrt{x}}$, 已知固定成本为 10000 元, 求总成本 y.

解　因为 $y' = 5 + \dfrac{1}{\sqrt{x}}$, 所以 $y = \displaystyle\int \left(5 + \dfrac{1}{\sqrt{x}}\right)\mathrm{d}x = 5x + 2\sqrt{x} + C$. 又已知固定成本为 10000 万, 即当 $x = 0$ 时, $y = 10000$, 因此有 $C = 10000$, 从而有

$$y = 5x + 2\sqrt{2} + 10000 \quad (x > 0).$$

即总成本是 $y = 5x + 2\sqrt{2} + 10000 (x > 0)$.

14.2　基本积分公式

由于不定积分是导数的逆运算, 由模 6 的导数公式, 我们得到以下基本积分公式:

(1) $\displaystyle\int 0\mathrm{d}x = C;$

(2) $\displaystyle\int 1\mathrm{d}x = x + C;$

(3) $\displaystyle\int x^{\alpha}\mathrm{d}x = \dfrac{x^{\alpha+1}}{\alpha+1} + C(\alpha \neq -1);$

(4) $\displaystyle\int \dfrac{1}{x}\mathrm{d}x = \ln|x| + C;$

(5) $\displaystyle\int a^x\mathrm{d}x = \dfrac{a^x}{\ln a} + C(a > 0 \text{ 且} \neq 1);$

(6) $\displaystyle\int \mathrm{e}^x\mathrm{d}x = \mathrm{e}^x + C;$

(7) $\displaystyle\int \cos x\mathrm{d}x = \sin x + C;$

(8) $\displaystyle\int \sin x\mathrm{d}x = -\cos x + C;$

(9) $\displaystyle\int \dfrac{1}{\sin^2 x}\mathrm{d}x = \int \csc^2 x\mathrm{d}x = -\cot x + C;$

(10) $\displaystyle\int \dfrac{1}{\cos^2 x}\mathrm{d}x = \int \sec^2 x\mathrm{d}x = \tan x + C;$

(11) $\displaystyle\int \sec x \tan x \mathrm{d}x = \sec x + C;$

(12) $\displaystyle\int \csc x \cot x \mathrm{d}x = -\csc x + C;$

(13) $\displaystyle\int \frac{1}{1+x^2}\mathrm{d}x = \arctan x + C = -\operatorname{arccot} x + C;$

(14) $\displaystyle\int \frac{1}{\sqrt{1-x^2}}\mathrm{d}x = \arcsin x + C = -\arccos x + C.$

14.3 不定积分的性质

性质 14.1 $\displaystyle \mathrm{d}\int f(x)\mathrm{d}x = f(x)\mathrm{d}x.$

性质 14.2 $\displaystyle \int F'(x)\mathrm{d}x = F(x) + C$ 或 $\displaystyle \int \mathrm{d}F(x) = F(x) + C.$

性质 14.3 $\displaystyle \int kf(x)\mathrm{d}x = k\int f(x)\mathrm{d}x$(其中 $k \neq 0$, 即非零常系数可以移到积分号之前).

性质 14.4 $\displaystyle \int [f_1(x) \pm f_2(x) \pm \cdots \pm f_k(x)]\mathrm{d}x = \int f_1(x)\mathrm{d}x \pm \int f_2(x)\mathrm{d}x \pm \cdots \pm \int f_k(x)\mathrm{d}x$

(即若干个函数代数和的不定积分, 等于若干个函数不定积分的代数和).

性质 14.1 的证明 设 $F(x)$ 为 $f(x)$ 的一个原函数, 即 $F'(x) = f(x)$ 于是有

$$\int f(x)\mathrm{d}x = F(x) + C,$$

两边求导就得

$$\left[\int f(x)\mathrm{d}x\right]' = (F(x) + C)' = F'(x) = f(x).$$

其他性质的证明略.

性质 14.1 表示一个函数 $f(x)$ 先求不定积分再求导, 就是 $f(x)$ 本身; 性质 14.2 表示一个函数 $f(x)$ 先求导数 (或微分) 再求不定积分, 等于这个函数加上一个任意常数 由此可见, 从运算上微分与积分是一对互逆的运算.

习 题 14

1. 填空题

(1) _____$' = 2x$;

(2) d_____$= \cos x \mathrm{d}x$.

(3) x 的全体原函数为_____, 其中经过点 $(0,2)$ 的一个原函数是_____.

2. 计算下列不定积分:

(1) $\displaystyle\int k\mathrm{d}x;$

(2) $\displaystyle\int \frac{x^2}{1+x^2}\mathrm{d}x;$

(3) $\int \left(-\dfrac{1}{\sqrt{1-x^2}}\right) \mathrm{d}x$;　　　　　(4) $\int x^{-2}\mathrm{d}x\,(n \neq -1)$;

(5) $\int 3^x \mathrm{d}x$;　　　　　(6) $\int x^3\sqrt{x}\,\mathrm{d}x$;

(7) $\int 2\cos x\,\mathrm{d}x$;　　　　　(8) $\int \left(\dfrac{2}{x} - 3^x + \dfrac{1}{\cos^2 x} - 5\mathrm{e}^x\right) \mathrm{d}x$.

模块15
微积分基本定理公式

15.1 积分上限函数

设函数 $f(x)$ 在区间 $[a,b]$ 上连续, 并且设 x 为 $[a,b]$ 上的一点. 我们把函数 $f(x)$ 在部分区间 $[a,x]$ 上的定积分

$$\int_a^x f(x)\mathrm{d}x$$

称为**积分上限的函数**. 它是区间 $[a,b]$ 上的函数, 记为

$$\Phi(x) = \int_a^x f(x)\mathrm{d}x.$$

定理 15.1 如果函数 $f(x)$ 在区间 $[a,b]$ 上连续, 则函数 $\Phi(x) = \int_a^x f(x)\mathrm{d}x$ 在 $[a,b]$ 上具有导数, 并且它的导数为 $\Phi'(x) = \dfrac{\mathrm{d}}{\mathrm{d}x}\int_a^x f(t)\mathrm{d}t = f(x)(a \leqslant x \leqslant b)$.

证明 $\Delta\Phi = \Phi(x + \Delta x) - \Phi(x)$ 若 $x \in (a,b)$, 取 Δx 使 $x + \Delta x \in (a,b)$.

$$\Delta\Phi = \Phi(x + \Delta x) - \Phi(x) = \int_a^{x+\Delta x} f(t)\mathrm{d}t - \int_a^x f(t)\mathrm{d}t$$

$$= \int_a^x f(x)\mathrm{d}t + \int_x^{x+\Delta x} f(t)\mathrm{d}t - \int_a^x f(t)\mathrm{d}t$$

$$= \int_x^{x+\Delta x} f(t)\mathrm{d}t = f(\xi)\Delta x,$$

应用积分中值定理, 有 $\Delta\Phi = f(x)\Delta x$, 其中 ξ 在 x 与 $x + \Delta x$ 之间, $\Delta x \to 0$ 时, $\xi \to x$. 于是

$$\Phi'(x) = \lim_{\Delta x \to 0}\frac{\Delta\Phi}{\Delta x} = \lim_{\Delta x \to 0} f(\xi) = \lim_{\xi \to x} f(\xi) = f(x).$$

若 $x = a$, 取 $\Delta x > 0$, 则同理可证 $\Phi'_+(x) = f(a)$; 若 $x = b$, 取 $\Delta x < 0$, 则同理可证 $\Phi'_-(x) = f(b)$.

定理 15.2 如果函数 $f(x)$ 在区间 $[a,b]$ 上连续, 则函数 $\Phi(x) = \int_a^x f(x)\mathrm{d}x$ 就是 $f(x)$ 在 $[a,b]$ 上的一个原函数.

15.2　牛顿-莱布尼茨公式

定理 15.3　如果函数 $F(x)$ 是连续函数 $f(x)$ 在区间 $[a,b]$ 上的一个原函数, 则

$$\int_a^b f(x)\mathrm{d}x = F(b) - F(a).$$

此公式称为**牛顿-莱布尼茨公式**, 也称为**微积分基本公式**.

证明　已知函数 $F(x)$ 是连续函数 $f(x)$ 的一个原函数, 又根据定理 15.2, 积分上限函数

$$\Phi(x) = \int_a^x f(t)\mathrm{d}t$$

也是 $f(x)$ 的一个原函数. 于是有一常数 C, 使

$$F(x) - \Phi(x) = C \quad (a \leqslant x \leqslant b).$$

当 $x = a$ 时, 有 $F(a) - \Phi(a) = C$, 而 $\Phi(a) = 0$, 所以 $C = F(a)$, 当 $x = b$ 时, $F(b) - \Phi(b) = F(a)$, 所以 $\Phi(b) = F(b) - F(a)$, 即

$$\int_a^b f(x)\mathrm{d}x = F(b) - F(a).$$

为了方便起见, 可把 $F(b) - F(a)$ 记成 $[F(x)]_a^b$, 于是

$$\int_a^b f(x)\mathrm{d}x = [F(x)]_a^b = F(b) - F(a),$$

进一步揭示了定积分与被积函数的原函数或不定积分之间的联系.

例 15.1　计算 $\int_0^1 x^2 \mathrm{d}x$.

解　由于 $\frac{1}{3}x^3$ 是 x^2 的一个原函数, 所以

$$\int_0^1 x^2 \mathrm{d}x = \left[\frac{1}{3}x^3\right]_0^1 = \frac{1}{3} \cdot 1^3 - \frac{1}{3} \cdot 0^3 = \frac{1}{3}.$$

例 15.2　计算 $\int_{-1}^{\sqrt{3}} \frac{\mathrm{d}x}{1+x^2}$.

解　由于 $\arctan x$ 是 $\frac{1}{1+x^2}$ 的一个原函数, 所以

$$\int_{-1}^{\sqrt{3}} \frac{\mathrm{d}x}{1+x^2} = [\arctan x]_{-1}^{\sqrt{3}} = \arctan\sqrt{3} - \arctan(-1) = \frac{\pi}{3} - \left(-\frac{\pi}{4}\right) = \frac{7}{12}\pi.$$

例 15.3　计算 $\int_{-2}^{-1} \frac{1}{x}\mathrm{d}x$.

解　$\int_{-2}^{-1} \frac{1}{x}\mathrm{d}x = [\ln|x|]_{-2}^{-1} = \ln 1 - \ln 2.$

例 15.4 计算正弦曲线 $y = \sin x$ 在 $[0, \pi]$ 上与 x 轴所围成的平面图形的面积.

解 这图形是曲边梯形的一个特例. 它的面积

$$A = \int_0^\pi \sin x \mathrm{d}x = [-\cos x]_0^\pi = 2.$$

例 15.5 汽车以每小时 36km 的速度行驶, 到某处需要减速停车. 设汽车以等加速度 $a = -5\text{m/s}$ 刹车. 问从开始刹车到停车, 汽车走了多少距离?

解 当 $t = 0$ 时, 汽车速度

$$v_0 = 36\text{km/h} = \frac{36 \times 1000}{3600}\text{m/s} = 10\text{m/s}.$$

刹车后 t 时刻汽车的速度为

$$v(t) = v_0 + at = 10 - 5t.$$

当汽车停止时, 速度 $v(t) = 0$, 从 $v(t) = 10 - 5t = 0$ 得, $t = 2s$. 于是从开始刹车到停车汽车所走过的距离为

$$s = \int_0^2 v(t)\mathrm{d}t = \int_0^2 (10 - 5t)\mathrm{d}t = 10\text{m},$$

即在刹车后, 汽车需走过 10m 才能停住.

习 题 15

1. 计算下列各导数:

(1) $\dfrac{\mathrm{d}}{\mathrm{d}x} \displaystyle\int_1^x \frac{\sin t}{t}\mathrm{d}t$;

(2) $\dfrac{\mathrm{d}}{\mathrm{d}y} \displaystyle\int_y^0 \sqrt{1 + x^4}\mathrm{d}x$;

2. 计算下列各定积分:

(1) $\displaystyle\int_1^3 x^3 \mathrm{d}x$;

(2) $\displaystyle\int_4^9 \sqrt{x}(1 + \sqrt{x})\mathrm{d}x$;

(3) $\displaystyle\int_{-\frac{1}{2}}^{\frac{1}{2}} \frac{\mathrm{d}x}{\sqrt{1 - x^2}}$;

(4) $\displaystyle\int_{1/\sqrt{3}}^{\sqrt{3}} \frac{\mathrm{d}x}{1 + x^2}$;

(5) $\displaystyle\int_0^1 \mathrm{e}^{-x}\mathrm{d}x$;

(6) $\displaystyle\int_0^{\frac{\pi}{4}} \tan^2 \theta \mathrm{d}\theta$;

(7) $\displaystyle\int_0^{2\pi} |\sin x|\mathrm{d}x$;

(8) 设 $f(x) = \begin{cases} 2x, & x \leqslant 1, \\ 3x^2, & x > 1, \end{cases}$ 求 $\displaystyle\int_0^2 f(x)\mathrm{d}x$.

模块16
积 分 方 法

利用直接积分法可以求一些简单函数的不定积分, 但当被积函数较为复杂时, 直接积分法往往难以奏效. 如求积分 $\int \sin(2x+5)\mathrm{d}x$, 它不能直接用公式 $\int \sin x\mathrm{d}x = -\cos x + C$ 进行积分, 这要用其他积分方法.

16.1　换元积分法

积分 $\int \sin(3x+5)\mathrm{d}x$, 被积函数是一个复合函数. 我们知道, 复合函数的微分法解决了许多复杂函数的求导 (求微分) 问题, 同样, 将复合函数的微分法用于求积分, 即得复合函数的积分法 —— 换元积分法.

16.1.1　不定积分的换元法

1. 第一类换元积分法

定理 16.1　如果 $f(u)$ 有原函数 $F(u)$, $u = \varphi(x)$ 具有连续的导函数, 那么 $F[\varphi(x)]$ 是 $f[\varphi(x)]\varphi(x)$ 的原函数, 即

$$\int f[\varphi(x)]\varphi'(x)\mathrm{d}x = F[\varphi(x)] + C = \left[\int f(u)\mathrm{d}u\right]_{u=\varphi(x)}.$$

证明　由假设 $F(u)$ 是 $f(u)$ 的原函数, 有

$$\mathrm{d}F(u) = f(u)\mathrm{d}u.$$

又根据复合函数微分法

$$\mathrm{d}F[\varphi(x)] = f[\varphi(x)]\varphi'(x)\mathrm{d}x,$$

所以 $F[\varphi(x)]$ 是 $f[\varphi(x)]\varphi'(x)$ 的原函数, 即

$$\int f[\varphi(x)]\varphi'(x)\mathrm{d}x = F[\varphi(x)] + C.$$

例 16.1　求 $\int \tan x\mathrm{d}x$.

解 $\displaystyle\int \tan x \mathrm{d}x = \int \frac{\sin x}{\cos x} \mathrm{d}x = -\int \frac{\mathrm{d}\cos x}{\cos x}$

$$\xlongequal{u=\cos x} -\int \frac{1}{u} \mathrm{d}u = -\ln|u| + C = -\ln|\cos x| + C.$$

例 16.2 求 $\displaystyle\int \csc x \mathrm{d}x$.

解 $\displaystyle\int \csc x \mathrm{d}x = \int \frac{1}{\sin x} \mathrm{d}x = \int \frac{1}{2\sin \frac{x}{2} \cos \frac{x}{2}} \mathrm{d}x = \int \frac{1}{\tan \frac{x}{2} \cos^2 \frac{x}{2}} \mathrm{d}\left(\frac{x}{2}\right)$

$$= \int \frac{\mathrm{d}\tan \frac{x}{2}}{\tan \frac{x}{2}} \xlongequal{u=\tan \frac{x}{2}} \int \frac{1}{u} \mathrm{d}u = \ln|u| + C = \ln\left|\tan \frac{x}{2}\right| + C.$$

因为

$$\tan \frac{x}{2} = \frac{\sin \frac{x}{2}}{\cos \frac{x}{2}} = \frac{2\sin^2 \frac{x}{2}}{\sin x} = \frac{1 - \cos x}{\sin x} = \csc x - \cot x.$$

故上述不定积分又可写为

$$\int \csc x \mathrm{d}x = \ln|\csc x - \cot x| + C.$$

例 16.3 求 $\displaystyle\int \sec x \mathrm{d}x$.

解 $\displaystyle\int \sec x \mathrm{d}x = \int \frac{1}{\cos x} \mathrm{d}x = \int \frac{\mathrm{d}\left(x + \dfrac{\pi}{2}\right)}{\sin\left(x + \dfrac{\pi}{2}\right)}$

$$\xlongequal{u=x+\frac{\pi}{2}} \int \frac{\mathrm{d}u}{\sin u} = \ln|\csc u - \cot u| + C,$$

$$= \ln\left|\csc\left(x + \frac{\pi}{2}\right) - \cot\left(x + \frac{\pi}{2}\right)\right| + C = \ln|\sec x + \tan x| + C.$$

第一类换元积分法又称**凑微分法**, 在解题熟练后, 可以不写出代换式, 直接凑微分, 求出积分结果.

例 16.4 求 $\displaystyle\int (ax + b)^n \mathrm{d}x (a, b$ 为常数, $a \neq 0)$.

解 $\displaystyle\int (ax + b)^n \mathrm{d}x = \frac{1}{a} \int (ax + b)^n \mathrm{d}(ax + b) = \frac{1}{a(n+1)}(ax + b)^{n+1} + C.$

例 16.5 求 $\displaystyle\int \frac{1}{a^2 + x^2} \mathrm{d}x$.

解 $\displaystyle\int \frac{1}{a^2 + x^2} \mathrm{d}x = \int \frac{1}{a^2\left[1 + \left(\dfrac{x}{a}\right)^2\right]} \mathrm{d}x = \frac{1}{a} \int \frac{1}{1 + \left(\dfrac{x}{a}\right)^2} \mathrm{d}\left(\frac{x}{a}\right) = \frac{1}{a} \arctan \frac{x}{a} + C.$

例 16.6 求 $\displaystyle\int \frac{1}{\sqrt{a^2 - x^2}} \mathrm{d}x (a$ 为常数, $a > 0)$.

解　$\displaystyle\int \frac{1}{\sqrt{a^2-x^2}}\mathrm{d}x = \int \frac{1}{a\sqrt{1-\left(\frac{x}{a}\right)^2}}\mathrm{d}x = \int \frac{1}{\sqrt{1-\left(\frac{x}{a}\right)^2}}\mathrm{d}\left(\frac{x}{a}\right)$

$$= \arcsin\frac{x}{a} + C.$$

例 16.7　求 $\displaystyle\int \frac{1}{x^2-a^2}\mathrm{d}x.$

解　$\displaystyle\int \frac{1}{x^2-a^2}\mathrm{d}x = \int \frac{1}{(x-a)(x+a)}\mathrm{d}x = \frac{1}{2a}\int \left(\frac{1}{x-a} - \frac{1}{x+a}\right)\mathrm{d}x$

$$= \frac{1}{2a}\left[\int \frac{1}{x-a}\mathrm{d}x - \int \frac{1}{x+a}\mathrm{d}x\right]$$

$$= \frac{1}{2a}\left[\int \frac{1}{x-a}\mathrm{d}(x-a) - \int \frac{1}{x+a}\mathrm{d}(x+a)\right]$$

$$= \frac{1}{2a}\left[\ln|x-a| - \ln|x+a|\right] + C$$

$$= \frac{1}{2a}\ln\left|\frac{x-a}{x+a}\right| + C.$$

例 16.8　求 $\displaystyle\int \frac{1}{x^2+4x+29}\mathrm{d}x.$

解　$\displaystyle\int \frac{1}{x^2+4x+29}\mathrm{d}x = \int \frac{1}{(x+2)^2+5^2}\mathrm{d}(x+2) \xlongequal{\text{由例5}} \frac{1}{5}\arctan\frac{x+2}{5} + C.$

例 16.9　求 $\displaystyle\int \frac{1}{x^2}\cos\frac{1}{x}\mathrm{d}x.$

解　$\displaystyle\int \frac{1}{x^2}\cos\frac{1}{x}\mathrm{d}x = -\int \cos\frac{1}{x}\mathrm{d}\left(\frac{1}{x}\right) = -\sin\frac{1}{x} + C.$

例 16.10　$\displaystyle\int x(1+x^2)^{100}\mathrm{d}x.$

解　$\displaystyle\int x(1+x^2)^{100}\mathrm{d}x = \frac{1}{2}\int (1+x^2)^{100}\mathrm{d}(1+x^2) = \frac{1}{202}(1+x^2)^{101} + C.$

例 16.11　求 $\displaystyle\int \frac{\sqrt{1+2\arctan x}}{1+x^2}\mathrm{d}x.$

解　$\displaystyle\int \frac{\sqrt{1+2\arctan x}}{1+x^2}\mathrm{d}x = \frac{1}{2}\int (1+2\arctan x)^{\frac{1}{2}}\mathrm{d}(1+2\arctan x)$

$$= \frac{1}{3}(1+2\arctan x)^{\frac{3}{2}} + C.$$

例 16.12　求 $\displaystyle\int (x-1)\mathrm{e}^{x^2-2x}\mathrm{d}x.$

解　$\displaystyle\int (x-1)\mathrm{e}^{x^2-2x}\mathrm{d}x = \frac{1}{2}\int \mathrm{e}^{x^2-2x}\mathrm{d}(x^2-2x) = \frac{1}{2}\mathrm{e}^{x^2-2x} + C.$

例 16.13 $\displaystyle\int \frac{1}{x(1+3\ln x)}\mathrm{d}x.$

解 $\displaystyle\int \frac{1}{x(1+3\ln x)}\mathrm{d}x = \int \frac{1}{1+3\ln x}\mathrm{d}\ln x = \frac{1}{3}\int \frac{1}{1+3\ln x}\mathrm{d}(1+3\ln x)$

$$= \frac{1}{3}\ln|1+3\ln x| + C.$$

例 16.14 $\displaystyle\int \cos^2 x \mathrm{d}x.$

解 $\displaystyle\int \cos^2 x\mathrm{d}x = \int \frac{1+\cos 2x}{2}\mathrm{d}x = \int \frac{1}{2}\mathrm{d}x + \frac{1}{2}\int \cos 2x\mathrm{d}x$

$$= \frac{x}{2} + \frac{1}{4}\int \cos 2x\mathrm{d}(2x) = \frac{x}{2} + \frac{1}{4}\sin 2x + C.$$

由以上例题可以看出, 在运用换元积分法时, 有时需要对被积函数作适当的代数运算或三角运算, 然后再凑微分, 技巧性很强, 无一般规律可循. 因此, 只有在练习过程中, 随时总结、归纳、积累经验, 才能运用灵活. 下面给出几种常见的凑微分形式.

(1) $\displaystyle\int f(ax+b)\mathrm{d}x = \frac{1}{a}\int f(ax+b)\mathrm{d}(ax+b),$

(2) $\displaystyle\int f(ax^n+b)x^{n-1}\mathrm{d}x = \frac{1}{na}\int f(ax^n+b)\mathrm{d}(ax^n+b),$

(3) $\displaystyle\int f(\ln x)\frac{\mathrm{d}x}{x} = \int f(\ln x)\mathrm{d}(\ln x),$

(4) $\displaystyle\int f\left(\frac{1}{x}\right)\cdot\frac{\mathrm{d}x}{x^2} = -\int f\left(\frac{1}{x}\right)\mathrm{d}\left(\frac{1}{x}\right),$

(5) $\displaystyle\int f(\mathrm{e}^x)\mathrm{e}^x\mathrm{d}x = \int f(\mathrm{e}^x)\mathrm{d}(\mathrm{e}^x),$

(6) $\displaystyle\int f(\sin x)\cos x\mathrm{d}x = \int f(\sin x)\mathrm{d}(\sin x),$

(7) $\displaystyle\int f(\cos x)\sin x\mathrm{d}x = -\int f(\cos x)\mathrm{d}(\cos x),$

(8) $\displaystyle\int f(\tan x)\sec^2 x\mathrm{d}x = \int f(\tan x)\mathrm{d}(\tan x),$

(9) $\displaystyle\int f(\cot x)\csc^2 x\mathrm{d}x = -\int f(\cot x)\mathrm{d}(\cot x),$

(10) $\displaystyle\int f(\arcsin x)\frac{\mathrm{d}x}{\sqrt{1-x^2}} = \int f(\arcsin x)\mathrm{d}(\arcsin x),$

(11) $\displaystyle\int f(\arctan x)\frac{\mathrm{d}x}{1+x^2} = \int f(\arctan x)\mathrm{d}(\arctan x).$

2. 第二类换元法

在第一类换元法中, 作变换 $u = \varphi(x)$, 把积分 $\displaystyle\int f[\varphi(x)]\cdot\varphi'(x)\mathrm{d}x$ 变成 $\displaystyle\int f(u)\mathrm{d}u$ 后再

直接积分. 有一类函数 (最常见的是含有根式的) 需要作以上相反的变换, 令 $x = \varphi(t)$, 把 $\int f(x)\mathrm{d}x$ 化成 $\int f[\varphi(t)]\varphi'(t)\mathrm{d}t$ 的形式以后再进行积分运算.

定理 16.2　设 $x = \varphi(t)$ 单调可导, 且 $\varphi'(t) \neq 0$, 又设 $f[\varphi(t)] \cdot \phi'(t)$ 具有原函数 $F(t)$, 则有 $\int f(x)\mathrm{d}x \xrightarrow{\;\;\diamondsuit\, x=\varphi(t)\;\;} \int f[\varphi(t)] \cdot \varphi'(t)\mathrm{d}t = F(t) + C \xrightarrow{\;\;t=\varphi^{-1}(x)\;\;} F[\varphi^{-1}(x)] + C.$

1) 根式代换

当被积函数中含有 $\sqrt[n]{ax + b}$ 的形式, 我们可以直接令 $\sqrt[n]{ax + b} = t$ 或 $x = \dfrac{1}{a}(t^n - b)$.

例 16.15　求 $\displaystyle\int \frac{1}{2(1 + \sqrt{x})}\mathrm{d}x$.

解　令 $x = t^2$, 则 $\mathrm{d}x = 2t\mathrm{d}t$,

$$原式 = \int \frac{2t}{2(1 + t)}\mathrm{d}t = \int \left(1 - \frac{1}{t + 1}\right)\mathrm{d}t = t - \ln|t + 1| + C = \sqrt{x} - \ln(\sqrt{x} + 1) + C.$$

例 16.16　求 $\displaystyle\int \frac{1}{\sqrt{x}(1 + \sqrt[3]{x})}\mathrm{d}x$.

解　令 $x = t^6$(2 和 3 的最小公倍数), 则 $\mathrm{d}x = 6t^5\mathrm{d}t$,

$$原式 = \int \frac{6t^5}{t^3(1 + t^2)}\mathrm{d}t = 6\int \left(1 - \frac{1}{1 + t^2}\right)\mathrm{d}t = 6(t - \arctan t) + C = 6\left(\sqrt[6]{x} - \arctan \sqrt[6]{x}\right) + C.$$

2) 三角代换

当被积函数中含有 $\sqrt{a^2 - x^2}$ 或 $\sqrt{x^2 - a^2}$ 时, 使用根式代换是无效的, 为了去根号, 我们采用三角代换.

例 16.17　求 $\displaystyle\int \sqrt{a^2 - x^2}\mathrm{d}x\,(a > 0)$.

解　令 $x = a\sin t \left(-\dfrac{\pi}{2} < t < \dfrac{\pi}{2}\right)$, 则 $\sqrt{a^2 - x^2} = a\cos t$, $\mathrm{d}x = a\cos t\mathrm{d}t$, 于是

$$原式 = \int a^2\cos t \cdot \cos t\mathrm{d}t = a^2\int \cos^2 t\mathrm{d}t = a^2\int \left(\frac{1}{2} + \frac{1}{2}\cos 2t\right)\mathrm{d}t = a^2\left(\frac{1}{2}t + \frac{1}{4}\sin 2t\right) + C.$$

为了将变量 t 还原成 x, 按原变换 $x = a\sin t$ 作一辅助三角形, 则

$$t = \arcsin \frac{x}{a}, \quad \sin t = \frac{x}{a}, \quad \cos t = \frac{\sqrt{a^2 - x^2}}{a},$$

$$原式 = a^2\left(\frac{1}{2}\arcsin \frac{x}{a} + \frac{1}{2a^2}x\sqrt{a^2 - x^2}\right) + C = \frac{a^2}{2}\arcsin \frac{x}{a} + \frac{x}{2} \cdot \sqrt{a^2 - x^2} + C.$$

一般常用的三角代换有下列三种:

(1) 被积函数中含有 $\sqrt{a^2 - x^2}$, 令 $x = a\sin t$ 或 $x = a\cos t$;

(2) 被积函数中含有 $\sqrt{a^2 + x^2}$, 令 $x = a\tan t$ 或 $x = a\cot t$;

(3) 被积函数中含有 $\sqrt{x^2 - a^2}$, 令 $x = a\sec t$ 或 $x = a\csc t$.

例 16.18　求 $\displaystyle\int \frac{1}{\sqrt{x^2 + a^2}}\mathrm{d}x\,(a > 0)$.

解 令 $x = a\tan t$, 则 $\sqrt{x^2 + a^2} = a\sec t$, $\mathrm{d}x = a\sec^2 t\mathrm{d}t$, 于是

$$原式 = \int \frac{a\sec^2 t}{a\sec t}\mathrm{d}t = \int \sec t\mathrm{d}t = \ln|\sec t + \tan t| + C,$$

$$原式 = \ln\left|\frac{\sqrt{x^2 + a^2}}{a} + \frac{x}{a}\right| + C_1 = \ln\left|x + \sqrt{x^2 + a^2}\right| + C.$$

例 16.19 求 $\displaystyle\int \frac{\mathrm{d}x}{\sqrt{x^2 - a^2}}(a > 0)$.

解 令 $x = a\sec t$, 则 $\mathrm{d}x = a\sec t \cdot \tan t\mathrm{d}t$,

$$原式 = \int \frac{1}{a\tan t}a\sec t \cdot \tan t\mathrm{d}t = \int \sec t\mathrm{d}t = \ln|\sec t + \tan t| + C,$$

按变换 $x = a\sec t$,

$$原式 = \ln\left|\frac{x}{a} + \frac{\sqrt{x^2 - a^2}}{a}\right| + C_1 = \ln\left|x + \sqrt{x^2 - a^2}\right| + C.$$

16.1.2 定积分的换元法

定理 16.3 假设

(1) 函数 $f(x)$ 在区间 $[a, b]$ 上连续;

(2) 函数 $x = \varphi(t)$ 在区间 $[\alpha, \beta]$ 上有连续且不变号的导数;

(3) 当 t 在 $[\alpha, \beta]$ 变化时, $x = \varphi(t)$ 的值在 $[a, b]$ 上变化, 且 $\varphi(\alpha) = a, \varphi(\beta) = b$,

则有

$$\int_a^b f(x)\mathrm{d}x = \int_\alpha^\beta f\left[\varphi(t)\right]\varphi'(t)\mathrm{d}t.$$

本定理证明从略. 在应用时必须注意变换 $x = \varphi(t)$ 应满足定理的条件, 在改变积分变量的同时相应改变积分限, 然后对新变量积分.

例 16.20 计算 $\displaystyle\int_1^2 \frac{\sqrt{x - 1}}{x}\mathrm{d}x$.

解 令 $\sqrt{x - 1} = t$, 则 $x - 1 = t^2$, $\mathrm{d}x = 2t\mathrm{d}t$. 当 $x = 1$ 时, $t = 0$; 当 $x = 2$ 时, $t = 1$. 于是

$$\int_1^2 \frac{\sqrt{x - 1}}{x}\mathrm{d}x = \int_0^1 \frac{t}{1 + t^2} \cdot 2t\mathrm{d}t = 2\int_0^1 \left(1 - \frac{1}{1 + t^2}\right)\mathrm{d}t$$

$$= 2(t - \arctan t)\Big|_0^1 = 2\left(1 - \frac{\pi}{4}\right).$$

例 16.21 计算 $\displaystyle\int_0^a \sqrt{a^2 - x^2}\mathrm{d}x(a > 0)$.

解 令 $x = a\sin t$, 则 $\mathrm{d}x = a\cos t\mathrm{d}t$. 当 $x = 0$ 时, $t = 0$; 当 $x = a$ 时, $t = \frac{\pi}{2}$. 故

$$\int_0^a \sqrt{a^2 - x^2}\mathrm{d}x = \int_0^{\frac{\pi}{2}} a\cos t \cdot a\cos t\mathrm{d}t$$

$$= \frac{a^2}{2} \int_0^{\frac{\pi}{2}} (1 + \cos 2t) \mathrm{d}t$$

$$= \frac{a^2}{2} \left[t + \frac{1}{2} \sin 2t \right] \Big|_0^{\frac{\pi}{2}}$$

$$= \frac{\pi a^2}{4}.$$

显然, 这个定积分的值就是圆 $x^2 + y^2 = a^2$ 在第一象限那部分的面积.

例 16.22　计算 $\displaystyle\int_0^{\frac{\pi}{2}} \cos^5 x \sin x \mathrm{d}x$.

解法一　令 $t = \cos x$, 则 $\mathrm{d}t = -\sin x \mathrm{d}x$.

当 $x = 0$ 时, $t = 1$; 当 $x = \frac{\pi}{2}$ 时, $t = 0$, 于是

$$\int_0^{\frac{\pi}{2}} \cos^5 x \sin x \mathrm{d}x = -\int_1^0 t^5 \mathrm{d}t = -\frac{1}{6} t^6 \Big|_1^0 = \frac{1}{6}.$$

解法二　也可以不明显地写出新变量 t, 这样定积分的上、下限也不要改变. 即

$$\int_0^{\frac{\pi}{2}} \cos^5 x \sin x \mathrm{d}x = -\int_0^{\frac{\pi}{2}} \cos^5 x \mathrm{d} \cos x$$

$$= -\frac{1}{6} \cos^6 x \Big|_0^{\frac{\pi}{2}} = -\left(0 - \frac{1}{6} \right) = \frac{1}{6}.$$

例 16.23　计算 $\displaystyle\int_0^{\pi} \sqrt{1 - \sin x} \mathrm{d}x$.

解　$\displaystyle\int_0^{\pi} \sqrt{1 - \sin x} \mathrm{d}x = \int_0^{\pi} \left| \sin \frac{x}{2} - \cos \frac{x}{2} \right| \mathrm{d}x$

$$= \int_0^{\frac{\pi}{2}} \left(\cos \frac{x}{2} - \sin \frac{x}{2} \right) \mathrm{d}x + \int_{\frac{\pi}{2}}^{\pi} \left(\sin \frac{x}{2} - \cos \frac{x}{2} \right) \mathrm{d}x$$

$$= 2 \left(\sin \frac{x}{2} + \cos \frac{x}{2} \right) \Big|_0^{\frac{\pi}{2}} - 2 \left(\cos \frac{x}{2} - \sin \frac{x}{2} \right) \Big|_{\frac{\pi}{2}}^{\pi}$$

$$= 4(\sqrt{2} - 1).$$

例 16.24　计算 $\displaystyle\int_0^{\pi} \frac{\sin x}{\sqrt{3 + \sin^2 x}} \mathrm{d}x$.

解　设 $t = \cos x$, 则当 $x = 0$ 时, $t = 1$; 当 $x = \pi$ 时, $t = -1$.

$$\int_0^{\pi} \frac{\sin x}{\sqrt{3 + \sin^2 x}} \mathrm{d}x = \int_1^{-1} \frac{-1}{\sqrt{4 - t^2}} \mathrm{d}t = \int_{-1}^{1} \frac{1}{\sqrt{4 - t^2}} \mathrm{d}t$$

$$= \arcsin \frac{t}{2} \Big|_{-1}^{1} = \frac{\pi}{3}.$$

例 16.25　设 $f(x)$ 在 $[-a, a]$ 上连续, 证明

(1) 若 $f(x)$ 为奇函数, 则 $\displaystyle\int_{-a}^{a} f(x) \mathrm{d}x = 0$;

(2) 若 $f(x)$ 为偶函数, 则 $\int_{-a}^{a} f(x)\mathrm{d}x = 2\int_{0}^{a} f(x)\mathrm{d}x$.

证明 由于

$$\int_{-a}^{a} f(x)\mathrm{d}x = \int_{-a}^{0} f(x)\mathrm{d}x + \int_{0}^{a} f(x)\mathrm{d}x,$$

对上式右端第一个积分作变换 $x = -t$, 有

$$\int_{-a}^{0} f(x)\mathrm{d}x = -\int_{a}^{0} f(-t)\mathrm{d}t = \int_{0}^{a} f(-t)\mathrm{d}t = \int_{0}^{a} f(-x)\mathrm{d}x.$$

故

$$\int_{-a}^{a} f(x)\mathrm{d}x = \int_{0}^{a} [f(-x) + f(x)]\mathrm{d}x.$$

(1) 当 $f(x)$ 为奇函数时, $f(-x) = -f(x)$, 故

$$\int_{-a}^{a} f(x)\mathrm{d}x = \int_{0}^{a} 0\mathrm{d}x = 0.$$

(2) 当 $f(x)$ 为偶函数时, $f(-x) = f(x)$, 故

$$\int_{-a}^{a} f(x)\mathrm{d}x = \int_{0}^{a} 2f(x)\mathrm{d}x = 2\int_{0}^{a} f(x)\mathrm{d}x.$$

利用例 16.25 的结论能很方便地求出一些定积分的值. 例如

$$\int_{-\pi}^{\pi} x^6 \sin x\mathrm{d}x = 0.$$

$$\int_{-1}^{1} (x + \sqrt{4-x^2})^2\mathrm{d}x = \int_{-1}^{1} (4 + 2x\sqrt{4-x^2})\mathrm{d}x = 4\int_{-1}^{1} \mathrm{d}x + 0 = 8.$$

16.2 分部积分法

16.2.1 不定积分的分部积分法

前面, 我们在复合函数求导法则的基础上得到了换元法. 现在, 我们利用两个函数乘积的求导法则, 来推出另一种积分法 ——**分部积分法**.

定理 16.4 设 $u(x), v(x)$ 具有连续的导数, 则有

$$\int u(x) \cdot v'(x)\mathrm{d}x = u(x) \cdot v(x) - \int u'(x) \cdot v(x)\mathrm{d}x$$

或

$$\int u(x)\mathrm{d}v(x) = u(x) \cdot v(x) - \int v(x)\mathrm{d}u(x).$$

证明从略.

定理 16.4 的主要作用是把左边的不定积分 $\int u(x)\mathrm{d}v(x)$ 转化为右边的不定积分 $\int v(x)\mathrm{d}u(x)$, 显然后一个积分较前一个积分要容易, 否则, 该转化是无意义的.

例 16.26　求 $\displaystyle\int x\mathrm{e}^x\mathrm{d}x$.

解　选 $u(x)=x, v(x)=\mathrm{e}^x$,

$$原式 = \int x(\mathrm{e}^x)'\mathrm{d}x = \int x\mathrm{d}\mathrm{e}^x = x\mathrm{e}^x - \int \mathrm{e}^x\mathrm{d}x = x\mathrm{e}^x - \mathrm{e}^x + C.$$

例 16.27　求 $\displaystyle\int x^2\mathrm{e}^x\mathrm{d}x$.

解　选 $u(x)=x^2, v(x)=\mathrm{e}^x$,

$$原式 = \int x^2\mathrm{d}\mathrm{e}^x = x^2\mathrm{e}^x - \int \mathrm{e}^x\mathrm{d}x^2 = x^2\mathrm{e}^x - 2\int x\mathrm{e}^x\mathrm{d}x \quad (利用例 16.26 结果)$$
$$= x^2\mathrm{e}^x - 2x\mathrm{e}^x + 2\mathrm{e}^x + C.$$

例 16.28　求 $\displaystyle\int x\cos x\mathrm{d}x$.

解　选 $u(x)=x, v(x)=\sin x$,

$$原式 = \int x\mathrm{d}\sin x = x\sin x - \int \sin x\mathrm{d}x = x\sin x + \cos x + C.$$

例 16.29　求 $\displaystyle\int x\cdot\sin(3x-1)\mathrm{d}x$.

解　因为 $\sin(3x-1)=\left[-\dfrac{1}{3}\cos(3x-1)\right]'$, 所以选 $u(x)=x, v(x)=\cos(3x-1)$,

$$原式 = -\frac{1}{3}\int x\mathrm{d}\cos(3x-1)$$
$$= -\frac{1}{3}x\cos(3x-1) + \frac{1}{3}\int \cos(3x-1)\mathrm{d}x$$
$$= -\frac{1}{3}x\cos(3x-1) + \frac{1}{9}\sin(3x-1) + C$$

例 16.30　求 $\displaystyle\int x^3\cdot\ln x\mathrm{d}x$.

解　选 $u(x)=\ln x, v(x)=\dfrac{1}{4}x^4$,

$$原式 = \int \ln x\mathrm{d}\left(\frac{1}{4}x^4\right) = \frac{1}{4}x^4\cdot\ln x - \int \frac{1}{4}x^4\mathrm{d}\ln x = \frac{1}{4}x^4\ln x - \int \frac{1}{x}\cdot\frac{1}{4}x^4\mathrm{d}x$$
$$= \frac{1}{4}x^4\ln x - \frac{1}{4}\int x^3\mathrm{d}x = \frac{1}{4}x^4\ln x - \frac{1}{16}x^4 + C.$$

相对于第一类换元法, 分部积分法计算的被积函数的特点更加明显, 一般有以下三个结论:

(1) 被积表达式为 $x^n\mathrm{e}^{ax+b}\mathrm{d}x$ 时, 可选 $u(x)=x^n$, $\mathrm{d}v(x)=\mathrm{e}^{ax+b}\left(即 v(x)=\dfrac{1}{a}\mathrm{e}^{ax+b}\right)$;

(2) 被积表达式为 $x^n\sin(ax+b)\mathrm{d}x$ 或 $x^n\cos(ax+b)\mathrm{d}x$ 时, 可选 $u(x)=x^n$, $\mathrm{d}v(x)=$

$\sin(ax+b)$ 或 $\mathrm{d}v(x) = \cos(ax+b)\left(\text{即}v(x) = -\dfrac{1}{a}\cos(ax+b)\text{或}v(x) = \dfrac{1}{a}\sin(ax+b)\right)$;

(3) 被积表达式为 $x^{\alpha}\cdot\ln x(\alpha \neq -1)$，可取 $u(x) = \ln x$，$\mathrm{d}v(x) = x^{\alpha}\left(\text{即}v(x) = \dfrac{1}{\alpha+1}x^{\alpha+1}\right)$.

请思考：$\displaystyle\int (x+1)\mathrm{e}^x\mathrm{d}x$，$\displaystyle\int x\mathrm{e}^{2x}\mathrm{d}x$，$\displaystyle\int x^2\sin x\mathrm{d}x$，$\displaystyle\int \ln x\mathrm{d}x$，$\displaystyle\int \sqrt{x}\ln x\mathrm{d}x$.

例 16.31 求 $\displaystyle\int \arcsin x\mathrm{d}x$.

解 选 $u(x) = \arcsin x$，$v(x) = x$，

$$\text{原式} = \int \arcsin x\mathrm{d}x = x\arcsin x - \int \frac{x}{\sqrt{1-x^2}}\mathrm{d}x$$

$$= x\arcsin x + \frac{1}{2}\int \frac{1}{\sqrt{1-x^2}}\mathrm{d}(1-x^2) = x\arcsin x + \sqrt{1-x^2} + C.$$

例 16.32 求 $\displaystyle\int \mathrm{e}^x\sin x\mathrm{d}x$.

解 选 $u(x) = \sin x$，$v(x) = \mathrm{e}^x$，

$$\text{原式} = \int \sin x\mathrm{d}\mathrm{e}^x = \mathrm{e}^x\cdot\sin x - \int \mathrm{e}^x\mathrm{d}\sin x = \mathrm{e}^x\cdot\sin x - \int \cos x\cdot\mathrm{e}^x\mathrm{d}x$$

同理 $\displaystyle\int \cos x\cdot\mathrm{e}^x\mathrm{d}x = \mathrm{e}^x\cos x + \int \mathrm{e}^x\cdot\sin x\mathrm{d}x$

所以

$$\int \mathrm{e}^x\sin x\mathrm{d}x = \mathrm{e}^x\sin x - \mathrm{e}^x\cos x - \int \mathrm{e}^x\sin x\mathrm{d}x,$$

移项后得 $2\displaystyle\int \mathrm{e}^x\sin x\mathrm{d}x = \mathrm{e}^x\sin x - \mathrm{e}^x\cos x + C_1$，于是有

$$\int \mathrm{e}^x\sin x\mathrm{d}x = \frac{1}{2}\mathrm{e}^x(\sin x - \cos x) + C.$$

16.2.2　定积分的分部积分法

设函数 $u(x)$ 与 $v(x)$ 均在区间 $[a,b]$ 上有连续的导数，由微分法则 $\mathrm{d}(uv) = u\mathrm{d}v + v\mathrm{d}u$，可得

$$u\mathrm{d}v = \mathrm{d}(uv) - v\mathrm{d}u.$$

等式两边同时在区间 $[a,b]$ 上积分，有

$$\int_a^b u\mathrm{d}v = (uv)\big|_a^b - \int_a^b v\mathrm{d}u.$$

此公式称为定积分的**分部积分公式**，其中 a 与 b 是自变量 x 的下限与上限.

例 16.33 计算 $\displaystyle\int_1^{\mathrm{e}} \ln x\mathrm{d}x$.

解　令 $u = \ln x$, $\mathrm{d}v = \mathrm{d}x$, 则 $\mathrm{d}u = \dfrac{\mathrm{d}x}{x}$, $v = x$. 故

$$\int_1^{\mathrm{e}} \ln x \mathrm{d}x = [x \ln x] \,|_1^{\mathrm{e}} - \int_1^{\mathrm{e}} x \cdot \frac{\mathrm{d}x}{x}$$
$$= (\mathrm{e} - 0) - (\mathrm{e} - 1) = 1.$$

例 16.34　计算 $\displaystyle\int_0^{\pi} x \cos 3x \mathrm{d}x$.

解　$\displaystyle\int_0^{\pi} x \cos 3x \mathrm{d}x = \frac{1}{3} \int_0^{\pi} x \mathrm{d} \sin 3x = \frac{1}{3} \left[x \sin 3 \, x |_0^{\pi} - \int_0^{\pi} \sin 3x \mathrm{d}x \right]$

$$= \frac{1}{3} \left[0 + \frac{1}{3} \cos 3 \, x |_0^{\pi} \right] = -\frac{2}{9}.$$

例 16.35　计算 $\displaystyle\int_0^{\frac{\pi}{4}} \frac{x}{1 + \cos 2x} \mathrm{d}x$.

解　$\displaystyle\int_0^{\frac{\pi}{4}} \frac{x}{1 + \cos 2x} \mathrm{d}x = \int_0^{\frac{\pi}{4}} \frac{x}{2 \cos^2 x} \mathrm{d}x = \frac{1}{2} \int_0^{\frac{\pi}{4}} x \mathrm{d} \tan x$

$$= \frac{1}{2} \left(x \tan x \Big|_0^{\frac{\pi}{4}} - \int_0^{\frac{\pi}{4}} \tan x \mathrm{d}x \right) = \frac{1}{2} \left(\frac{\pi}{4} + \ln \cos x \Big|_0^{\frac{\pi}{4}} \right)$$

$$= \frac{\pi}{8} - \frac{1}{4} \ln 2.$$

例 16.36　计算 $\displaystyle\int_0^{\frac{\pi}{4}} \sec^3 x \mathrm{d}x$.

解　$\displaystyle\int_0^{\frac{\pi}{4}} \sec^3 x \mathrm{d}x = \int_0^{\frac{\pi}{4}} \sec x \cdot \sec^2 x \mathrm{d}x = \int_0^{\frac{\pi}{4}} \sec x \mathrm{d} \tan x$

$$= \sec x \tan x \int_0^{\frac{\pi}{4}} - \int_0^{\frac{\pi}{4}} \tan x \cdot \sec x \tan x \mathrm{d}x$$

$$= \sqrt{2} - \int_0^{\frac{\pi}{4}} (\sec^2 x - 1) \sec x \mathrm{d}x$$

$$= \sqrt{2} - \int_0^{\frac{\pi}{4}} \sec^3 x \mathrm{d}x + \int_0^{\frac{\pi}{4}} \sec x \mathrm{d}x$$

$$= \sqrt{2} - \int_0^{\frac{\pi}{4}} \sec^3 x \mathrm{d}x + \ln(\sec x + \tan x) \Big|_0^{\frac{\pi}{4}}$$

$$= \sqrt{2} - \int_0^{\frac{\pi}{4}} \sec^3 x \mathrm{d}x + \ln(\sqrt{2} + 1).$$

即

$$2 \int_0^{\frac{\pi}{4}} \sec^3 x \mathrm{d}x = \sqrt{2} + \ln(\sqrt{2} + 1),$$

故

$$\int_0^{\frac{\pi}{4}} \sec^3 x \mathrm{d}x = \frac{\sqrt{2}}{2} + \frac{1}{2} \ln(\sqrt{2} + 1).$$

例 16.37　计算 $\displaystyle\int_0^1 \mathrm{e}^{\sqrt{x}}\mathrm{d}x$.

解　先用换元法, 令 $\sqrt{x} = t$, 则 $x = t^2$, $\mathrm{d}x = 2t\mathrm{d}t$.

当 $x = 0$ 时, $t = 0$; 当 $x = 1$ 时, $t = 1$. 于是

$$\int_0^1 \mathrm{e}^{\sqrt{x}}\mathrm{d}x = 2\int_0^1 t\mathrm{e}^t \mathrm{d}t.$$

再用分部积分法, 得

$$\int_0^1 \mathrm{e}^{\sqrt{x}}\mathrm{d}x = 2\int_0^1 t\mathrm{d}\mathrm{e}^t = 2\left(t\mathrm{e}^t\Big|_0^1 - \int_0^1 \mathrm{e}^t \mathrm{d}t\right)$$

$$= 2[\mathrm{e} - (\mathrm{e} - 1)] = 2.$$

16.3　简单有理函数的积分及积分表

16.3.1　简单有理函数的积分

有理函数是指由两个多项式函数的商所表示的函数, 其一般形式为

$$R(x) = \frac{P(x)}{Q(x)} = \frac{\alpha_0 x^n + \alpha_1 x^{n-1} + \cdots + \alpha_n}{\beta_0 x^m + \beta_1 x^{m-1} + \cdots + \beta_m}, \tag{16.1}$$

其中 n, m 为非负整数, $\alpha_0, \alpha_1, \cdots, \alpha_n$ 与 $\beta_0, \beta_1, \cdots, \beta_m$ 都是常数, 且 $\alpha_0 \neq 0$, $\beta_0 \neq 0$. 若 $m > n$, 则称它为**真分式**; 若 $m \leqslant n$, 则称它为**假分式**. 由多项式的除法可知, 假分式总能化为一个多项式与一个真分式之和. 由于多项式的不定积分是容易求得的, 因此只需研究真分式的不定积分, 故设 (16.1) 为一有理真分式.

根据代数知识, 有理真分式必定可以表示成若干个部分分式之和 (称为**部分分式分解**). 因而问题归结为求那些部分分式的不定积分. 为此, 先把怎样分解部分分式的步骤简述如下:

第一步　对分母 $Q(x)$ 在实系数内作标准分解

$$Q(x) = (x - a_1)^{\lambda_1} \cdots (x - a_s)^{\lambda_2} \left(x^2 + p_1 x + q_1\right)^{\mu_1} \cdots (x_2 + p_t + q_t)^{\mu_t}, \tag{16.2}$$

其中 $\beta_0 = 1, \lambda_i, \mu_j\ (i = 1, 2, \cdots, t)$ 均为自然数, 而且

$$\sum_{i=1}^s \lambda_i + 2\sum_{j=1}^t \mu_j = m; \quad p_j^2 - 4q_j < 0, \quad j = 1, 2, \cdots, t.$$

第二步　根据分母的各个因式分别写出与之相应的部分分式对于每个形如 $(x - a)^k$ 的因式, 它所对应的部分分式是

$$\frac{A_1}{x - a} + \frac{A_2}{(x - a)^2} + \cdots + \frac{A_k}{(x - a)^k};$$

对每个形如 $\left(x^2 + px + q\right)^k$ 的因式, 它所对应的部分分式是

$$\frac{B_1 x + C_1}{x^2 + px + q} + \frac{B_2 x + C_2}{(x^2 + px + q)^2} + \cdots + \frac{B_k x + C_k}{(x^2 + px + q)^k}.$$

把所有部分分式加起来, 使之等于 $R(x)$. (至此, 部分分式中的常数系数 A_i, B_i, C_i 尚为待定的)

第三步   确定待定系数一般方法是将所有部分分式通分相加, 所得分式的分母即为原分母 $Q(x)$, 而其分子亦应与原分子 $P(x)$ 恒等. 于是, 按同幂项系数必定相等, 得到一组关于待定系数的线性方程, 这组方程的解就是需要确定的系数.

例 16.38   求 $\displaystyle\int \frac{x^2+1}{(x^2-2x+2)^2}\mathrm{d}x$.

解   在本题中, 由于被积函数的分母只有单一因式, 因此, 部分分式分解能被简化为

$$\frac{x^2+1}{(x^2-2x+2)^2} = \frac{(x^2-2x+2)+(2x-1)}{(x^2-2x+2)^2}$$
$$= \frac{1}{x^2-2x+2} + \frac{2x-1}{(x^2-2x+2)^2}.$$

现分别计算部分分式的不定积分如下

$$\int \frac{\mathrm{d}x}{x^2-2x+2} = \int \frac{\mathrm{d}(x-1)}{(x-1)^2+1} = \arctan(x-1) + C_1.$$

$$\int \frac{2x-1}{(x^2-2x+2)^2}\mathrm{d}x = \int \frac{(2x-2)+1}{(x^2-2x+2)^2}\mathrm{d}x$$
$$= \int \frac{\mathrm{d}(x^2-2x+2)}{(x^2-2x+2)^2} + \int \frac{\mathrm{d}(x-1)}{[(x-1)^2+1]^2}$$
$$= \frac{-1}{x^2-2x+2} + \int \frac{\mathrm{d}t}{(t^2+1)^2}.$$

求得其中

$$\int \frac{\mathrm{d}t}{(t^2+1)^2} = \frac{t}{2(t^2+1)} + \frac{1}{2}\int \frac{\mathrm{d}t}{t^2+1}$$
$$= \frac{x-1}{2(x^2-2x+2)} + \frac{1}{2}\arctan(x-1) + C_2.$$

于是得到

$$\int \frac{x^2+1}{(x^2-2x+2)^2}\mathrm{d}x = \frac{x-3}{2(x^2-2x+2)} + \frac{3}{2}\arctan(x-1) + C.$$

习 题 16

---

1. 用换元法求下列不定积分:

(1) $\displaystyle\int x\sqrt{x}\,\mathrm{d}x$;

(2) $\displaystyle\int \frac{\mathrm{d}x}{x^2\sqrt{x}}$;

(3) $\displaystyle\int \sqrt[m]{x^n}\,\mathrm{d}x$;

(4) $\displaystyle\int 3\left(u^{-0.6} - \frac{1}{\sqrt{u}} + \frac{1}{u}\right)\mathrm{d}u$;

(5) $\displaystyle\int \frac{\mathrm{d}h}{\sqrt{2gh}}$;

(6) $\displaystyle\int (x-2)^2 \mathrm{d}x$;

(7) $\displaystyle\int (x^2+1)^2 \mathrm{d}x$;

(8) $\displaystyle\int (\sqrt{x}+1)(\sqrt{x^3}-1)\mathrm{d}x$;

(9) $\displaystyle\int \frac{10x^3+3}{x^4}\mathrm{d}x$;

(10) $\displaystyle\int \frac{(1-x)^2}{\sqrt{x}}\mathrm{d}x$;

(11) $\displaystyle\int \frac{3x^4+3x^2+1}{x^2+1}\mathrm{d}x$;

(12) $\displaystyle\int \left(\frac{3}{1+x^2}-\frac{2}{\sqrt{1-x^2}}\right)\mathrm{d}x$;

(13) $\displaystyle\int \mathrm{e}^{5t}\mathrm{d}t$;

(14) $\displaystyle\int (1-2x)^5 \mathrm{d}x$;

(15) $\displaystyle\int \frac{\mathrm{d}x}{3-2x}$;

(16) $\displaystyle\int \sqrt{8-2x}\mathrm{d}x$;

(17) $\displaystyle\int \frac{\sin\sqrt{t}}{\sqrt{t}}\mathrm{d}t$;

(18) $\displaystyle\int \mathrm{e}^{x+\mathrm{e}^x}\mathrm{d}x$;

(19) $\displaystyle\int \sqrt{\frac{a+x}{a-x}}\mathrm{d}x$;

(20) $\displaystyle\int \frac{\mathrm{d}x}{x\ln x\ln\ln x}$;

(21) $\displaystyle\int \tan^{10}x\sec^2 x\mathrm{d}x$;

(22) $\displaystyle\int \frac{\mathrm{d}x}{\sin x\cdot\cos x}$;

(23) $\displaystyle\int \frac{\mathrm{d}x}{\mathrm{e}^x+\mathrm{e}^{-x}}$;

(24) $\displaystyle\int x\cos(x^2)\mathrm{d}x$;

(25) $\displaystyle\int \frac{x^2}{4+x^6}\mathrm{d}x$;

(26) $\displaystyle\int x^2\sqrt{1+x^3}\mathrm{d}x$;

(27) $\displaystyle\int \frac{2^x}{\sqrt{1-4^x}}\mathrm{d}x$;

(28) $\displaystyle\int \frac{\sqrt{x^2-9}}{x}\mathrm{d}x$;

(29) $\displaystyle\int \frac{\mathrm{d}x}{1+\sqrt{2x}}$;

(30) $\displaystyle\int \frac{\mathrm{d}x}{1+\sqrt{1-x^2}}$.

2. 用换元法求下列定积分:

(1) $\displaystyle\int_0^{\frac{\pi}{4}} \frac{\mathrm{d}x}{1+\sin^2 x}$;

(2) $\displaystyle\int_{-2}^0 \frac{\mathrm{d}x}{x^2+2x+2}$;

(3) $\displaystyle\int_1^4 \frac{\mathrm{d}x}{1+\sqrt{x}}$;

(4) $\displaystyle\int_{\pi/6}^{\pi/2} \cos^2 u\mathrm{d}u$;

(5) $\displaystyle\int_0^1 x\sqrt{1-x}\mathrm{d}x$;

(6) $\displaystyle\int_{-\sqrt{2}}^{\sqrt{2}} \sqrt{8-2y^2}\mathrm{d}y$;

(7) $\displaystyle\int_0^{\sqrt{2}a} \frac{x\mathrm{d}x}{\sqrt{3a^2-x^2}}$;

(8) $\displaystyle\int_0^1 t\mathrm{e}^{-\frac{t^2}{t}}\mathrm{d}t$;

(9) $\displaystyle\int_{-\frac{\pi}{2}}^{\frac{\pi}{2}} \cos x\cos 2x\mathrm{d}x$;

(10) $\displaystyle\int_0^{\pi} \sqrt{1+\cos 2x}\mathrm{d}x$.

3. 用分部积分法计算下列积分:

(1) $\displaystyle\int x\cos mx\mathrm{d}x$;

(2) $\displaystyle\int t\mathrm{e}^{-2t}\mathrm{d}t$;

(3) $\displaystyle\int \arcsin t\mathrm{d}t$;

(4) $\displaystyle\int x\ln(x-1)\mathrm{d}x$;

(5) $\displaystyle\int x^2\ln x\mathrm{d}x$;

(6) $\displaystyle\int x^2\arctan x\mathrm{d}x$;

(7) $\displaystyle\int_1^{\mathrm{e}} x\ln x\mathrm{d}x$;

(8) $\displaystyle\int_{\frac{\pi}{4}}^{\frac{\pi}{3}} \dfrac{x}{\sin^2 x}\mathrm{d}x$;

(9) $\displaystyle\int_0^{\pi} (x\sin x)^2\mathrm{d}x$;

(10) $\displaystyle\int_0^1 \dfrac{\ln(1+x)}{(2-x)^2}\mathrm{d}x$;

(11) $\displaystyle\int_1^2 \arctan\sqrt{x^2-1}\mathrm{d}x$;

(12) $\displaystyle\int_0^{\frac{\pi}{2}} \mathrm{e}^{2x}\cos x\mathrm{d}x$.

4. 求下列不定积分：

(1) $\displaystyle\int \dfrac{2x+3}{x^2+3x-10}\mathrm{d}x$;

(2) $\displaystyle\int \dfrac{x^5+x^4-8}{x^3-x}\mathrm{d}x$;

(3) $\displaystyle\int \dfrac{x^2+1}{(x+1)^2(x-1)}\mathrm{d}x$;

(4) $\displaystyle\int \dfrac{\mathrm{d}x}{x(x^2+1)}$.

模块17
定积分的应用

17.1 定积分的微元分析法

回忆曲边梯形的面积：设 $y = f(x) \geqslant 0 (x \in [a,b])$，如果说积分

$$A = \int_a^b f(x)\mathrm{d}x,$$

是以 $[a,b]$ 为底的曲边梯形的面积，则积分上限函数

$$A(x) = \int_a^x f(t)\mathrm{d}t$$

就是以 $[a,x]$ 为底的曲边梯形的面积，而微分 $\mathrm{d}A(x) = f(x)\mathrm{d}x$ 表示点 x 处以 $\mathrm{d}x$ 为宽的小曲边梯形面积的近似值 $\Delta A \approx f(x)\mathrm{d}x$，$f(x)\mathrm{d}x$ 称为**曲边梯形的面积元素**．

以 $[a,b]$ 为底的曲边梯形的面积 A 就是以面积元素 $f(x)\mathrm{d}x$ 为被积表达式以 $[a,b]$ 为积分区间的定积分

$$A = \int_a^b f(x)\mathrm{d}x.$$

一般情况下，为求某一量 U，先将此量分布在某一区间 $[a,b]$ 上分布在 $[a,x]$ 上的量用函数 $U(x)$ 表示，再求这一量的元素 $\mathrm{d}U(x)$，设 $\mathrm{d}U(x) = u(x)\mathrm{d}x$，然后以 $u(x)\mathrm{d}x$ 为被积表达式，以 $[a,b]$ 为积分区间求定积分，即得

$$U = \int_a^b f(x)\mathrm{d}x.$$

用这一方法求一量的值的方法称为**微元法**(或**元素法**)．

17.2 定积分在几何上的应用

17.2.1 平面图形的面积

1．直角坐标情形

设平面图形由上下两条曲线 $y = f_上(x)$ 与 $y = f_下(x)$ 及左右两条直线 $x = a$ 与 $x = b$

所围成, 则面积元素为 $[f_{上}(x) - f_{下}(x)]\mathrm{d}x$, 于是平面图形的面积为

$$S = \int_a^b [f_{上}(x) - f_{下}(x)]\mathrm{d}x.$$

类似地, 由左右两条曲线 $x = \varphi_{左}(y)$ 与 $x = \varphi_{右}(y)$ 及上下两条直线 $y = c$ 与 $y = d$ 所围成的平面图形的面积为

$$S = \int_c^d [\phi_{上}(y) - \phi_{下}(y)]\mathrm{d}y.$$

例 17.1　计算抛物线 $y^2 = x$, $y = x^2$ 所围成的图形的面积.

解　(1) 画图;

(2) 确定在 x 轴上的投影区间: $[0, 1]$;

(3) 确定上下曲线 $f_{上}(x) = \sqrt{x}$, $f_{下}(x) = x^2$;

(4) 计算积分

$$S = \int_0^1 (\sqrt{x} - x^2)\mathrm{d}x = \left[\frac{2}{3}x^{\frac{3}{2}} - \frac{1}{3}x^3\right]_0^1 = \frac{1}{3}.$$

例 17.2　计算抛物线 $y^2 = 2x$ 与直线 $y = x - 4$ 所围成的图形的面积.

解　(1) 画图;

(2) 确定在 y 轴上的投影区间: $[-2, 4]$;

(3) 确定左右曲线 $\phi_{上}(y) = \frac{1}{2}y^2$, $\phi_{下}(y) = y + 4$;

(4) 计算积分

$$S = \int_{-2}^4 \left(y + 4 - \frac{1}{2}y^2\right)\mathrm{d}y = \left[\frac{1}{2}y^2 + 4y - \frac{1}{6}y^3\right]_{-2}^4 = 18.$$

例 17.3　求椭圆 $\dfrac{x^2}{a^2} + \dfrac{y^2}{b^2} = 1$ 所围成的图形的面积.

解　设整个椭圆的面积是椭圆在第一象限部分的四倍, 椭圆在第一象限部分在 x 轴上的投影区间为 $[0, a]$ 因为面积元素为 $y\mathrm{d}x$. 所以

$$S = 4\int_0^a y\mathrm{d}x,$$

椭圆的参数方程为

$$x = a\cos t, \quad y = b\sin t,$$

于是

$$S = 4\int_0^a y\mathrm{d}x = 4\int_{\frac{\pi}{2}}^0 b\sin t\, \mathrm{d}(a\cos t)$$

$$= -4ab\int_{\frac{\pi}{2}}^0 \sin^2 t\, \mathrm{d}t = 2ab\int_0^{\frac{\pi}{2}} (1 - \cos 2t)\mathrm{d}t = 2ab \cdot \frac{\pi}{2} = ab\pi.$$

2. 极坐标情形

曲边扇形及曲边扇形的面积元素.

由曲线 $\rho = \varphi(\theta)$ 及射线 $\theta = a, \theta = b$ 围成的图形称为曲边扇形, 曲边扇形的面积元素为

$$dS = \frac{1}{2}[\phi(\theta)]^2 d\theta,$$

曲边扇形的面积为

$$S = \int_\alpha^\beta \frac{1}{2}[\varphi(\theta)]^2 d\theta.$$

例 17.4 计算阿基米德螺线 $\rho = a\theta (a \geqslant 0)$ 上相应于 θ 从 0 变到 2π 的一段弧与极轴所围成的图形的面积.

解 $S = \int_0^{2\pi} \frac{1}{2}(a\theta)^2 d\theta = \frac{1}{2}a^2 \left[\frac{1}{3}\theta^3\right]_0^{2\pi} = \frac{4}{3}a^2\pi^3.$

例 17.5 计算心形线 $\rho = a(1+\cos\theta)(a \geqslant 0)$ 所围成的图形的面积.

解 $S = 2\int_0^\pi \frac{1}{2}[a(1+\cos\theta]^2 d\theta = a^2 \int_0^\pi \left(\frac{1}{2} + 2\cos\theta + \frac{1}{2}\cos 2\theta\right) d\theta$

$= a^2 \left[\frac{3}{2}\theta + 2\sin\theta + \frac{1}{4}\sin 2\theta\right]_0^\pi = \frac{3}{2}a^2\pi.$

17.2.2 旋转体的体积

旋转体就是由一个平面图形绕这平面内一条直线旋转一周而成的立体, 这直线叫做旋转轴.

常见的旋转体: 圆柱、圆锥、圆台、球体.

旋转体都可以看作是由连续曲线 $y = f(x)$, 直线 $x = a$ 及 x 轴所围成的曲边梯形绕 x 轴旋转一周而成的立体.

设过区间 $[a,b]$ 内点 x 且垂直于 x 轴的平面左侧的旋转体的体积为 $V(x)$, 当平面左右平移 dx 后体积的增量近似为 $\Delta V = \pi[f(x)]^2 dx$ 于是体积元素为

$$dV = \pi[f(x)]^2 dx.$$

旋转体的体积为

$$V = \int_a^b \pi[f(x)]^2 dx.$$

例 17.6 连接坐标原点 O 与点 $p(h,r)$ 的直线, 直线 $x = h$ x 轴围成一个直角三角形将它绕 x 轴旋转构成一个底半径为 r、高为 h 的圆锥体计算这圆锥体的体积.

解 直角三角形斜边的直线方程为 $y = \frac{r}{h}x$. 所求圆锥体的体积为

$$V = \int_0^h \pi \left(\frac{r}{h}x\right)^2 dx = \frac{\pi r^2}{h^2} \left[\frac{1}{3}x^3\right]_0^h = \frac{1}{3}\pi h r^2.$$

例 17.7 计算由椭圆 $\dfrac{x^2}{a^2} + \dfrac{y^2}{b^2} = 1$ 所成的图形绕 x 轴旋转而成的旋转体 (旋转椭球体) 的体积.

解　这个旋转椭球体也可以看作是由半个椭圆

$$y = \frac{b}{a}\sqrt{a^2 - x^2}$$

及 x 轴围成的图形绕 x 轴旋转而成的立体, 体积元素为

$$\mathrm{d}V = \pi y^2 \mathrm{d}x,$$

于是所求旋转椭球体的体积为

$$V = \int_{-a}^{a} \pi \frac{b^2}{a^2}(a^2 - x^2)\mathrm{d}x = \pi \frac{b^2}{a^2}\left[a^2 x - \frac{1}{3}x^3\right]_{-a}^{a} = \frac{4}{3}\pi a b^2.$$

17.3　定积分在经济中的应用

根据边际成本、边际收入、边际利润以及产量 x 的变动区间 $[a, b]$ 上的改变量 (增量) 就等于它们各自边际在区间 $[a, b]$ 上的定积分.

$$R(b) - R(a) = \int_a^b R'(x)\mathrm{d}x, \tag{17.1}$$

$$C(b) - C(a) = \int_a^b C'(x)\mathrm{d}x, \tag{17.2}$$

$$L(b) - L(a) = \int_a^b L'(x)\mathrm{d}x. \tag{17.3}$$

例 17.8　已知某商品边际收入为 $-0.08x + 25$(万元/t), 边际成本为 5(万元/t), 求产量 x 从 250t 增加到 300t 时销售收入 $R(x)$, 总成本 $C(x)$, 利润 $I(x)$ 的改变量 (增量).

解　首先求边际利润

$$L'(x) = R'(x) - C'(x) = -0.08x + 25 - 5 = -0.08x + 20,$$

所以根据式 (17.1)~(17.3), 依次求出

$$R(300) - R(250) = \int_{250}^{300} R'(x)\mathrm{d}x = \int_{250}^{300} (-0.08x + 25)\mathrm{d}x = 150万元.$$

$$C(300) - C(250) = \int_{250}^{300} C'(x)\mathrm{d}x = \int_{250}^{300} \mathrm{d}x = 250万元.$$

$$L(300) - L(250) = \int_{250}^{300} L'(x)\mathrm{d}x = \int_{250}^{300} (-0.08x + 20)\mathrm{d}x = -100万元.$$

由经济函数的变化率, 求经济函数在区间上的平均变化率.

设某经济函数的变化率为 $f(t)$, 则称

$$\frac{\int_{t_1}^{t_2} f(t)\mathrm{d}t}{t_2 - t_1}$$

为该经济函数在时间间隔 $[t_1, t_2]$ 内的平均变化率.

例 17.9 某银行的利息连续计算, 利息率是时间 t(单位: 年) 的函数

$$r(t) = 0.08 + 0.015\sqrt{t},$$

求它在开始两年, 即时间间隔 $[0, 2]$ 内的平均利息率.

解 由于

$$\int_0^2 r(t)\mathrm{d}t = \int_0^2 (0.08 + 0.015\sqrt{t})\mathrm{d}t = 0.16 + 0.01t\sqrt{t}\,\big|_0^2 = 0.16 + 0.02\sqrt{2},$$

所以开始两年的平均利息率为

$$r = \frac{\int_0^2 r(t)\mathrm{d}t}{2 - 0} = 0.08 + 0.01\sqrt{2} \approx 0.094.$$

习 题 17

1. 求由下列各曲线所围图形的面积:

(1) $y = \ln x$, $y = \mathrm{e} + 1 - x$ 及直线 $y = 0$;

(2) $y = \mathrm{e}^x$, $y = \mathrm{e}^{-x}$ 及直线 $x = 1$;

(3) $y = \ln x$, y 轴与直线 $y = \ln a$, $y = \ln b$ $(0 < a < b)$;

(4) $y = x^2$ 与直线 $y = x$ 及 $y = 2x$.

2. 求由下列曲线所围图形的面积:

(1) $r = 2a\cos\theta$;　　　　(2) $x = a\cos^3 t$, $y = a\sin^3 t$;　　　　(3) $r = 2a(2 + \cos\theta)$.

3. 设 D 曲线 $y = 1 + \sin x$ 与三角直线 $x = 0$, $x = \pi$, $y = 0$ 围成的曲边梯形, 求 D 绕 x 轴旋转一周所成的旋转体积.

4. 求 $y = x^2$ 与 $y = x^3$ 围成的图形绕 x 轴旋转所成的旋转体体积.

5. 某公司运行 t(年) 所获利润为 $L(t)$(元) 利润的年变化率为 $L'(t) = 3 \times 10^5 \sqrt{t+1}$(元/年), 求利润从第 4 年年初到第 8 年年末, 即时间间隔 $[3, 8]$ 内的年平均变化率.

模块18
微分方程的基本概念

　　微积分研究的对象是函数关系, 但在实际问题中, 往往很难直接得到所研究的变量之间的函数关系, 却比较容易建立起这些变量与它们的导数或微分之间的联系, 从而得到一个关于未知函数的导数或微分的方程, 即**微分方程**. 通过求解这种方程, 同样可以找到指定未知量之间的函数关系. 现实世界中的许多实际问题都可以抽象为微分方程问题. 例如, 物体的冷却、人口的增长、琴弦的振动、电磁波的传播等, 都可以归结为微分方程问题. 因此, 微分方程是数学联系实际, 并应用于实际的重要途径和桥梁, 是各个学科进行科学研究的强有力的工具.

　　微分方程是一门独立的数学学科, 有完整的理论体系. 模块 18 和模块 19 主要介绍微分方程的一些基本概念, 几种常用的微分方程的求解方法及理论.

18.1　引　例

　　例 18.1　一曲线通过点 $(1,2)$ 且在该曲线上任一点 $M(x,y)$ 处的切线的斜率为 $2x$, 求这曲线的方程.

　　解　设所求曲线为 $y=y(x), \dfrac{\mathrm{d}y}{\mathrm{d}x}=2x$, 其中 $x=1$ 时, $y=2$, $y=\displaystyle\int 2x\mathrm{d}x$, 即 $y=x^2+C$, 求得 $C=1$. 所求曲线方程为 $y=x^2+1$.

　　例 18.2　设一质量为 m 的物体只受重力的作用由静止开始自由垂直降落. 根据牛顿第二定律: 物体所受的力 F 等于物体的质量 m 与物体运动的加速度 α 成正比, 即 $F=ma$, 若取物体降落的铅垂线为 x 轴, 其正向朝下, 物体下落的起点为原点, 并设开始下落的时间是 $t=0$, 物体下落的距离 x 与时间 t 的函数关系为 $x=x(t)$, 则可建立起函数 $x(t)$ 满足的微分方程

$$\frac{\mathrm{d}^2 x}{\mathrm{d}t^2}=g,$$

根据题意, $x=x(t)$ 还需满足条件

$$x\,|_{t=0}=0\,,$$

其中 g 为重力加速度常数. 这就是**自由落体运动的数学模型**.

　　上面两个例子, 都无法直接找到变量之间的函数关系, 而是利用问题的几何意义和物理意义, 建立了含有未知函数、未知函数的导数与自变量的方程, 这种方程就是微分方程.

18.2 微分方程的概念

一般地, 含有未知函数及未知函数的导数或微分的方程称为**微分方程**. 微分方程中出现的未知函数的最高阶导数的阶数称为**微分方程的阶**.

我们把未知函数为一元函数的微分方程称为**常微分方程**. 类似地, 未知函数为多元函数的微分方程称为**偏微分方程**.

这里只讨论常微分方程. n 阶常微分方程的一般形式是

$$F(x, y, y', y'', \cdots, y^{(n)}) = 0, \tag{18.1}$$

其中 x 为自变量, $y = y(x)$ 是未知函数.

如果能从方程 (18.1) 中解出最高阶导数, 就得到微分方程

$$y^{(n)} = f(x, y, y', \cdots, y^{(n-1)}). \tag{18.2}$$

以后我们讨论的微分方程主要是形如 (18.2) 的微分方程, 并且假设 (18.2) 式右端的函数 f 在所讨论的范围内连续.

如果方程 (18.2) 可表示为如下形式:

$$y^{(n)} + a_1(x)y^{(n-1)} + \cdots + a_{n-1}(x)y' + a_n(x)y = g(x), \tag{18.3}$$

则称方程 (18.3) 为 n**阶线性微分方程**. 其中 $a_1(x), a_2(x), \cdots, a_n(x)$ 和 $g(x)$ 均为自变量 x 的已知函数.

不能表示成形如 (18.3) 式的微分方程, 统称为**非线性方程**.

18.3 微分方程的解

满足微分方程的函数, 就是说, 把这个函数代入微分方程能使方程成为恒等式, 我们称这个函数为该**微分方程的解**. 更确切地说, 设函数 $y = \varphi(x)$ 在区间 I 上有 n 阶连续导数, 如果在区间 I 上, 有

$$F(x, \varphi(x), \varphi'(x), \varphi''(x), \cdots, \varphi^{(n)}(x)) = 0,$$

则称函数 $y = \varphi(x)$ 为微分方程 (18.1) 在区间 I 上的解.

微分方程的解可能含有也可能不含有任意常数. 含有相互独立的任意常数, 且任意常数的个数与微分方程的阶数相等的解称为微分方程的**通解**(**一般解**).

注 这里所说的相互独立的任意常数, 是指它们不能通过合并而使得通解中的任意常数的个数减少.

许多微分方程都要求寻找满足某些附加条件的解, 此时, 这类附加条件就可以用来确定通解中的任意常数, 这类附加条件称为**初始条件**, 也称为**定解条件**.

带有初始条件的微分方程称为微分方程的**初值问题**. 确定了微分方程的通解中的任意常数后, 就得到了微分方程的**特解**.

微分方程的解的图形是一条曲线, 称为微分方程的**积分曲线**.

例 18.3　验证函数 $x = C_1 \cos kt + C_2 \sin kt$ 是微分方程 $\dfrac{\mathrm{d}^2 x}{\mathrm{d}t^2} + k^2 x = 0$ 的解, 并求满足初始条件 $x\,|_{t=0} = A$, $\dfrac{\mathrm{d}x}{\mathrm{d}t}\Big|_{t=0} = 0$ 的特解.

解　因为 $\dfrac{\mathrm{d}x}{\mathrm{d}t} = -kC_1 \sin kt + kC_2 \cos kt$, 所以

$$\frac{\mathrm{d}^2 x}{\mathrm{d}t^2} = -k^2 C_1 \cos kt - k^2 C_2 \sin kt,$$

将 $\dfrac{\mathrm{d}^2 x}{\mathrm{d}t^2}$ 和 x 的表达式代入原方程, 有

$$-k^2(C_1 \cos kt + C_2 \sin kt) + k^2(C_1 \cos kt + C_2 \sin kt) \equiv 0,$$

故 $x = C_1 \cos kt + C_2 \sin kt$ 是原方程的解.

因为 $x\,|_{t=0} = A$, $\dfrac{\mathrm{d}x}{\mathrm{d}t}\Big|_{t=0} = 0$, 所以 $C_1 = A$, $C_2 = 0$. 所求特解为 $x = A \cos kt$.

习　题　18

1. 试指出下列微分方程的阶数.

　(1) $\dfrac{\mathrm{d}y}{\mathrm{d}x} = x^2 + y$;　　　　　　　　(2) $x\left(\dfrac{\mathrm{d}y}{\mathrm{d}x}\right)^2 = 2\dfrac{\mathrm{d}y}{\mathrm{d}x} + 4x$;

　(3) $x\left(\dfrac{\mathrm{d}y}{\mathrm{d}x}\right)^2 - 2\left(\dfrac{\mathrm{d}y}{\mathrm{d}x}\right)^3 + 5xy = 0$;　　(4) $\cos(y'') + \ln y = x + 1$.

2. 验证 $y = C\mathrm{e}^{-x} + x - 1$(其中 C 为任意常数) 是微分方程 $\dfrac{\mathrm{d}y}{\mathrm{d}x} + y = x$ 的解, 并求出满足初始条件 $y\,|_{x=0} = 1$ 的特解.

模块19
一阶微分方程及其解法

本模块我们将讨论几种常见类型的一阶微分方程.

19.1 可分离变量的微分方程

设有一阶微分方程

$$\frac{\mathrm{d}y}{\mathrm{d}x} = F(x, y),$$

如果其右端函数能分解成 $F(x, y) = f(x)g(y)$, 即有

$$\frac{\mathrm{d}y}{\mathrm{d}x} = f(x)g(y), \tag{19.1}$$

则称方程 (19.1) 为**可分离变量的微分方程**, 其中 $f(x), g(y)$ 都是连续函数. 根据这种方程的特点, 我们可通过积分来求解. 求解可分离变量的方程的方法称为**分离变量法**.

例 19.1 求解微分方程 $\dfrac{\mathrm{d}y}{\mathrm{d}x} = 2xy$ 的通解.

解 分离变量 $\dfrac{\mathrm{d}y}{y} = 2x\mathrm{d}x$, 两端积分 $\displaystyle\int \frac{\mathrm{d}y}{y} = \int 2x\mathrm{d}x$, $\ln y = x^2 + C_1$, 所以

$$y = C\mathrm{e}^{x^2}$$

为所求通解.

例 19.2 求微分方程 $f(xy)y\mathrm{d}x + g(xy)x\mathrm{d}y = 0$ 的通解.

解 令 $u = xy$, 则 $\mathrm{d}u = x\mathrm{d}y + y\mathrm{d}x$,

$$f(u)y\mathrm{d}x + g(u)x\frac{\mathrm{d}u - y\mathrm{d}x}{x} = 0,$$

$$[f(u) - g(u)]\frac{u}{x}\mathrm{d}x + g(u)\mathrm{d}u = 0,$$

$$\frac{\mathrm{d}x}{x} + \frac{g(u)}{u[f(u) - g(u)]}\mathrm{d}u = 0,$$

通解为

$$\ln|x| + \int \frac{g(u)}{u[f(u) - g(u)]}\mathrm{d}u = C.$$

19.2 齐 次 方 程

形如

$$\frac{\mathrm{d}y}{\mathrm{d}x} = f\left(\frac{y}{x}\right) \tag{19.2}$$

的一阶微分方程称为**齐次微分方程**, 简称**齐次方程**.

解法 作变量代换 $u = \frac{y}{x}$, 即 $y = xu$, 则有

$$\frac{\mathrm{d}y}{\mathrm{d}x} = u + x\frac{\mathrm{d}u}{\mathrm{d}x},$$

代入原式有

$$u + x\frac{\mathrm{d}u}{\mathrm{d}x} = f(u),$$

即

$$\frac{\mathrm{d}u}{\mathrm{d}x} = \frac{f(u) - u}{x}.$$

这样成为可分离变量的微分方程, 以下只需按照可分离变量的微分方程求解即可.

例 19.3 求解微分方程 $\left(x - y\cos\frac{y}{x}\right)\mathrm{d}x + x\cos\frac{y}{x}\mathrm{d}y = 0$.

解 令 $u = \frac{y}{x}$, 则 $\mathrm{d}y = x\mathrm{d}u + u\mathrm{d}x$, 代入原式有

$$(x - ux\cos u)\mathrm{d}x + x\cos u(u\mathrm{d}x + x\mathrm{d}u) = 0,$$

所以

$$\cos u\mathrm{d}y = -\frac{\mathrm{d}x}{x}, \quad \sin u = -\ln x + C,$$

故微分方程的解为

$$\sin\frac{y}{x} = -\ln x + C.$$

19.3 一阶线性微分方程

形如

$$\frac{\mathrm{d}y}{\mathrm{d}x} + P(x)y = Q(x) \tag{19.3}$$

的方程称为**一阶线性微分方程**.

其中函数 $P(x), Q(x)$ 是某一区间 I 上的连续函数. 当 $Q(x) \equiv 0$, 方程 (19.3) 成为

$$\frac{\mathrm{d}y}{\mathrm{d}x} + P(x)y = 0, \tag{19.4}$$

这个方程称为**一阶齐次线性微分方程**. 相应地, 方程 (19.3) 称为**一阶非齐次线性微分方程**.

利用可分离变量法, 很容易解出方程 (19.4) 的通解为

$$y = C\mathrm{e}^{-\int P(x)\mathrm{d}x}, \tag{19.5}$$

其中 C 为任意常数.

求解一阶非齐次线性微分方程常用**常数变易法**, 即在求出对应齐次方程的通解 (19.5) 后, 将通解中的常数 C 变易为待定函数 $u(x)$, 作变换

$$y = u(x)\mathrm{e}^{-\int P(x)\mathrm{d}x}, \tag{19.6}$$

将 (19.6) 式及其导数代入 (19.3) 式, 解出 $u(x)$, 这样就得出一阶非齐次线性方程 (19.3) 的通解为

$$y = \left[\int Q(x)\mathrm{e}^{\int P(x)\mathrm{d}x}\mathrm{d}x + C\right]\mathrm{e}^{-\int P(x)\mathrm{d}x}. \tag{19.7}$$

例 19.4 求方程 $y' + \dfrac{1}{x}y = \dfrac{\sin x}{x}$ 的通解.

解 本题可用常数变易法求解, 读者可自己尝试求解, 下面介绍一个简单的方法, 代入法.

因为 $P(x) = \dfrac{1}{x}, Q(x) = \dfrac{\sin x}{x}$, 可直接代入公式 (19.7), 得

$$y = \mathrm{e}^{-\int \frac{1}{x}\mathrm{d}x}\left[\int \frac{\sin x}{x}\mathrm{e}^{\int \frac{1}{x}\mathrm{d}x}\mathrm{d}x + C\right] = \mathrm{e}^{-\ln x}\left[\int \frac{\sin x}{x}\cdot \mathrm{e}^{\ln x}\mathrm{d}x + C\right]$$

$$= \frac{1}{x}\left(\int \sin x\mathrm{d}x + C\right) = \frac{1}{x}(-\cos x + C).$$

习 题 19

1. 求微分方程 $\dfrac{\mathrm{d}y}{\mathrm{d}x} = \mathrm{e}^x y$ 的通解.

2. 求齐次方程 $\left(x + y\cos\dfrac{y}{x}\right)\mathrm{d}x - x\cos\dfrac{y}{x}\mathrm{d}y = 0$ 的通解.

3. 求方程 $\dfrac{\mathrm{d}y}{\mathrm{d}x} - \dfrac{2y}{x+1} = (x+1)^{5/2}$ 的通解.

4. 求方程 $x^2 y' + (1-2x)y = x^2$ 满足初值条件 $y|_{x=1} = 0$ 的特解.

模块20
无穷级数的基本概念

问题的提出 —— 计算半径为 R 圆的面积.

用内接正 3×2^n 边形的面积逐步逼近圆面积:

正六边形面积 $A \approx a_1$, 正十二边形面积 $A \approx a_1 + a_2$,

······

正 3×2^n 形面积 $A \approx a_1 + a_2 + \cdots + a_n$.

若内接正多边形的边数 n 无限增大, 则和 $a_1 + a_2 + \cdots + a_n$ 的极限就是所要求的圆面积 A. 这时和式中的项数无限增多, 出现了无穷多个数量依次相加的数学式子.

20.1 常数项级数的概念

1. 常数项级数

如果给定一个数列 $u_1, u_2, u_3, \cdots, u_n, \cdots$, 则表达式

$$u_1 + u_2 + u_3 + \cdots + u_n + \cdots$$

叫 (常数项)**无穷级数**, 简称 (常数项)**级数**, 记为 $\sum\limits_{n=1}^{\infty} u_n$ 即

$$\sum_{n=1}^{\infty} u_n = u_1 + u_2 + u_3 + \cdots + u_n + \cdots,$$

其中 u_n 被称作**一般项**或**通项**.

2. 级数的部分和

前 n 项的和 $s_n = u_1 + u_2 + \cdots + u_n = \sum\limits_{i=1}^{n} u_i$ 称为部分和数列 $\{s_n\}$, 则有 $s_1 = u_1$, $s_2 = u_1 + u_2, \cdots, s_n = u_1 + u_2 + u_3 + \cdots + u_n$.

3. 级数的收敛与发散

定义 20.1 (敛散性)   如果级数 $\sum\limits_{n=1}^{\infty} u_n$ 的部分和数列 $\{s_n\}$ 有极限 s, 即 $\lim\limits_{n \to \infty} s_n = s$, 则

称无穷级数 $\sum\limits_{n=1}^{\infty} u_n$ **收敛**, 极限 s 为这个级数的和, 并写成

$$s = u_1 + u_2 + \cdots + u_n + \cdots,$$

如果数列 $\{s_n\}$ 没有极限则称无穷级数 $\sum\limits_{n=1}^{\infty} u_n$ **发散**.

注 若级数收敛, s_n 是和 S 的近似值, $r_n = s - s_n = u_{n+1} + u_{n+2} + \cdots$ 叫做级数的**余项**, s_n 代替和 S 所产生的误差是该余项的绝对值, 即误差是 $|r_n|$.

例 20.1 判别级数 $\sum\limits_{n=1}^{\infty} \dfrac{1}{(n+2)(n+3)}$ 的敛散性.

解 $u_n = \dfrac{1}{n+2} - \dfrac{1}{n+3},$

$$s_n = \sum_{k=1}^{n} \frac{1}{(k+2)(k+3)} = \left(\frac{1}{3} - \frac{1}{4} \right) + \left(\frac{1}{4} - \frac{1}{5} \right) + \cdots + \left(\frac{1}{n+2} - \frac{1}{n+3} \right) = \frac{1}{3} - \frac{1}{n+3},$$

$$\lim_{n \to \infty} s_n = \frac{1}{3},$$

所以级数收敛, 它的和是 $\dfrac{1}{3}$.

例 20.2 讨论**等比级数(几何级数)** $\sum\limits_{n=0}^{\infty} aq^n (a \neq 0)$ 的敛散性.

解 若 $q \neq 1$, 则

$$s_n = a + aq + \cdots + aq^{n-1} = \frac{a - aq^n}{1 - q},$$

当 $|q| < 1$ 时, $\lim\limits_{n \to \infty} q^n = 0$, $\lim\limits_{n \to \infty} s_n = \dfrac{a}{1-q}$, 级数收敛, 其和 $\dfrac{a}{1-q}$. 当 $|q| > 1$ 时, $\lim\limits_{n \to \infty} q^n = \infty$, $\lim\limits_{n \to \infty} s_n = \infty$, 级数发散. 当 $|q| = 1$ 时, 级数发散.

即: 若 $|q| < 1$, 级数收敛; 若 $|q| \geqslant 1$, 级数发散.

例 20.3 讨论调和级数 $\sum\limits_{n=1}^{\infty} \dfrac{1}{n} = 1 + \dfrac{1}{2} + \dfrac{1}{3} + \cdots + \dfrac{1}{n} + \cdots$ 的敛散性.

解 因为 $x > \ln(1+x), (x > 0)$, 所以

$$1 > \ln 2, \quad \frac{1}{2} > \ln \frac{3}{2}, \quad \frac{1}{3} > \ln \frac{4}{3}, \cdots, \frac{1}{n} > \ln \frac{n+1}{n},$$

$$1 + \frac{1}{2} + \frac{1}{3} + \cdots + \frac{1}{n} > \ln 2 + \ln \frac{3}{2} + \ln \frac{4}{3} + \ln \frac{n+1}{n} = \ln(n+1)$$

所以 $\lim\limits_{n \to \infty} s_n = \lim\limits_{n \to \infty} \ln(n+1) = +\infty$, 因此级数发散.

20.2　收敛级数的基本性质

性质 20.1　若级数 $\sum\limits_{n=1}^{\infty} u_n$ 收敛于和 s 则级数 $\sum\limits_{n=1}^{\infty} ku_n$ 也收敛, 且其和为 ks.

分析　设 $\sum\limits_{n=1}^{\infty} u_n$ 与 $\sum\limits_{n=1}^{\infty} ku_n$ 的部分和分别为 s_n 与 σ_n, 则 $\sigma_n = ks_n$.

$$\lim_{n\to\infty} \sigma_n = \lim_{n\to\infty} ks_n = k \lim_{n\to\infty} s_n = ks,$$

则 $\sum\limits_{n=1}^{\infty} ku_n$ 收敛, 和为 ks, 由 $\sigma_n = ks_n$ 知, 若 $\{s_n\}$ 无极限且 $k \neq 0$ 则 $\{\sigma_n\}$ 也无极限.

结论　级数的每一项同乘一个不为零的常数后, 它的收敛性不会改变, 如

$$\sum_{n=0}^{\infty} \frac{3}{2^n} = 3 + \frac{3}{2} + \cdots + \frac{3}{2^n} + \cdots 级数收敛; \qquad \sum_{n=1}^{\infty} \frac{2}{n} = 2 + \frac{2}{2} + \cdots + \frac{2}{n} + \cdots 级数发散.$$

性质 20.2　若 $\sum\limits_{n=1}^{\infty} u_n, \sum\limits_{n=1}^{\infty} v_n$ 分别收敛于 s, σ, 则 $\sum\limits_{n=1}^{\infty} (u_n \pm v_n)$ 也收敛, 且其和为 $s \pm \sigma$.

分析　$\sum\limits_{n=1}^{\infty} u_n, \sum\limits_{n=1}^{\infty} v_n: s_n, \sigma_n, \sum\limits_{n=1}^{\infty} (u_n \pm v_n)$ 的部分和 $\tau_n = s_n \pm \sigma_n$, $\lim\limits_{n\to\infty} \tau_n = s \pm \sigma$, 则

$\sum\limits_{n=1}^{\infty} (u_n \pm v_n)$ 收敛, 且其和为 $s \pm \sigma$.

注　性质 20.2 也说成: 两收敛级数可以逐项相加减.

性质 20.3　在级数中去掉或加上有限项, 不会改变级数的收敛性.

分析　只需证明 "在级数的前面部分去掉或加上有限项, 不会改变级数的收敛性", 因为其他情形 (即在级数中任意去掉、加上或改变有限项的情形) 都可以看成在级数的前面先去掉有限项, 然后再加上有限项的结果.

将级数 $u_1 + u_2 + u_3 + \cdots + u_k + u_{k+1} + \cdots + u_{k+n} + \cdots$ 的前 k 项去掉, 得级数

$$u_{k+1} + \cdots + u_{k+n} + \cdots,$$

新级数的部分和为 $\sigma_n = u_{k+1} + \cdots + u_{k+n} = s_{n+k} - s_k$, 其中 s_{k+n} 是原级数的前 $k+n$ 项的和. 因 s_k 是常数, 故 $n \to \infty$ 时, σ_n 与 s_{k+n} 或者同时有极限, 或者同时没有极限.

类似地, 可以证明在级数的前面加上有限项, 不会改变级数的收敛性.

性质 20.4　如果级数 $\sum\limits_{n=1}^{\infty} u_n$ 收敛, 则对这级数的项任意加括号后所成的级数

$$(u_1 + \cdots + u_{n_1}) + (u_{n_1+1} + \cdots + u_{n_2}) + \cdots + (u_{n_{k-1}+1} + \cdots + u_{n_k}) + \cdots,$$

仍然收敛, 且其和不变.

即加括弧后所成的级数收敛, 且其和不变.

注 如果加括弧后所成的级数收敛则不能断定去括号后原来级数也收敛.

例如, 级数 $(1-1)+(1-1)+\cdots$ 收敛于零, 但级数 $1-1+1-1+\cdots$ 是发散的.

推论 如果加括弧后所成的级数发散, 则原来级数也发散. 事实上, 倘若原来级数收敛, 则根据性质 20.4 知道, 加括弧后的级数就应该收敛了.

性质 20.5 (级数收敛的必要条件) 若 $\displaystyle\sum_{n=1}^{\infty} u_n$ 收敛, 则 $\displaystyle\lim_{n\to\infty} u_n = 0$.

分析 设 $\displaystyle\sum_{n=1}^{\infty} u_n$ 的部分和为 S_n, 且 $S_n \to S(n\to\infty)$, 则

$$\lim_{n\to\infty} u_n = \lim_{n\to\infty}(S_n - S_{n-1}) = 0.$$

注 (1) $\displaystyle\lim_{n\to\infty} u_n = 0$ 是级数收敛的必要条件而非充分条件.

如**调和级数** $1 + \dfrac{1}{2} + \dfrac{1}{3} + \cdots + \dfrac{1}{n} + \cdots$, 虽然 $u_n = \dfrac{1}{n} \to 0(n\to\infty)$, 但它是发散的.

(2) $\displaystyle\lim_{n\to\infty} u_n \neq 0$(或不存在), 则 $\displaystyle\sum_{n=1}^{\infty} u_n$ 发散.

例 20.4 讨论下列级数的敛散性.

(1) $\displaystyle\sum_{n=1}^{\infty} \frac{n}{n+1}$;　　　　(2) $\displaystyle\sum_{n=1}^{\infty} \left(\frac{1}{2}\right)^{\frac{1}{n}}$;

(3) $\displaystyle\sum_{n=1}^{\infty} n \ln \frac{n}{n+1}$;　　　　(4) $\displaystyle\sum_{n=1}^{\infty} \sin \frac{n\pi}{2}$.

解 (1) 由 $\displaystyle\lim_{n\to\infty} u_n = 1 \neq 0$ 知, 原级数发散.

(2) 由 $\displaystyle\lim_{n\to\infty} u_n = 1 \neq 0$ 知, 原级数发散.

(3) 由 $\displaystyle\lim_{n\to\infty} u_n = \lim_{n\to\infty} \ln\left(1 - \frac{1}{n+1}\right)^{(n+1)\frac{n}{n+1}} = \ln\frac{1}{e} = -1 \neq 0$ 知, 原级数发散.

(4) 由 $\displaystyle\lim_{n\to\infty} u_n$ 不存在知, 原级数发散.

习 题 20

1. 根据级数收敛与发散的定义判定下列级数的敛散性:

(1) $\displaystyle\sum_{n=1}^{\infty} (\sqrt{n+1} - \sqrt{n})$;　　　　(2) $\displaystyle\sum_{n=1}^{\infty} \frac{1}{(2n-1)(2n+1)}$;

(3) $\displaystyle\sum_{n=1}^{\infty} \frac{1}{n(n+1)(n+2)}$;　　　　(4) $\displaystyle\sum_{n=1}^{\infty} \sin \frac{n\pi}{6}$.

模块21

正项级数

若数项级数各项的符号都相同, 则称它为同号级数. 对于同号级数, 只需研究各项都是由正数组成的级数 —— 称为正项级数. 如果级数的各项都是负数, 则它乘以 (-1) 后就得到一个正项级数, 它们具有相同的敛散性.

定理 21.1 正项级数 $\sum u_n$ 收敛的充要条件是: 部分和数列 $\{S_n\}$ 有界, 即存在某正数 M, 对一切正整数 n 有 $S_n < M$.

证明 由于 $u_i > 0(i = 1, 2, \cdots)$, 所以 $\{S_n\}$ 是递增数列, 而单调数列收敛的充要条件是该数列有界. 这就证得本定理的结论.

定理 21.2 设 $\sum u_n$ 和 $\sum v_n$ 是两个正项级数, 如果存在某正数 N, 对一切 $n > N$ 都有

$$u_n \leqslant v_n, \tag{21.1}$$

则

(1) 若级数 $\sum v_n$ 收敛, 则级数 $\sum u_n$ 也收敛;

(2) 若级数 $\sum u_n$ 发散, 则级数 $\sum v_n$ 也发散.

证明 因为改变级数的有限项并不影响原有级数的敛散性, 因此不妨设不等式 (21.1) 对一切正整数都成立.

现分别以 S_n' 和 S_n'' 记级数 $\sum u_n$ 与 $\sum v_n$ 的部分和. 由 (21.1) 式推得, 对一切正整数 n, 都有

$$S_n' \leqslant S_n''. \tag{21.2}$$

若 $\sum v_n$ 收敛, 即 $\lim\limits_{n \to \infty} S_n''$ 存在, 则由 (21.2) 式对一切 n 有 $S_n' \leqslant \lim\limits_{n \to \infty} S_n''$, 即正项级数 $\sum u_n$ 的部分和数列 $\{S_n'\}$ 有界, 由定理 21.1 级数 $\sum u_n$ 收敛. 这就证明了 (1); (2) 为 (1) 的逆否命题, 自然成立.

例 21.1 考察 $\sum \dfrac{1}{n^2 - n + 1}$ 的敛散性.

解 由于当 $n \geqslant 2$ 时, 有

$$\frac{1}{n^2 - n + 1} \leqslant \frac{1}{n^2 - n} = \frac{1}{n(n-1)} \leqslant \frac{1}{(n-1)^2}.$$

因为正项级数 $\sum\limits_{n=2}^{\infty} \dfrac{1}{(n-1)^2}$ 收敛, 故由定理 21.2 级数 $\sum \dfrac{1}{n^2-n+1}$ 收敛.

在实际使用上, 比较原则的下述极限形式通常更为方便.

推论 21.1 设

$$u_1 + u_2 + \cdots + u_n + \cdots, \tag{21.3}$$

$$v_1 + v_2 + \cdots + v_n + \cdots \tag{21.4}$$

是两个正项级数, 若

$$\lim_{n \to \infty} \frac{u_n}{v_n} = l, \tag{21.5}$$

则

(1) 当 $0 < l < +\infty$ 时, 级数 (21.3) 和 (21.4) 同时收敛或同时发散;

(2) 当 $l = 0$ 且级数 (21.4) 收敛时, 级数 (21.3) 也收敛;

(3) 当 $l = +\infty$ 且级数 (21.4) 发散时, 级数 (21.3) 也发散.

证明 由 (21.5), 对任给正数 ε, 存在某正数 N, 当 $n > N$ 时, 恒有

$$\left| \frac{u_n}{v_n} - l \right| < \varepsilon$$

或

$$(l - \varepsilon) v_n < u_n < (l + \varepsilon) v_n. \tag{21.6}$$

由定理 21.1 及 (21.6) 式推得, 当 $0 < l < +\infty$(这里设 $\varepsilon < l$) 时, 级数 (21.3) 与 (21.4) 同时收敛或同时发散. 这就证得 (1).

对于 (2), 当 $l = 0$ 时, 由 (21.6) 式右半部分及比较原则可得: 若级数 (21.4) 收敛, 则级数 (21.3) 也收敛.

对于 (3), 若 $l = +\infty$, 即对任给的正数 M, 存在相应的正数 N, 当 $n > N$ 时, 都有

$$\frac{u_n}{v_n} > M \quad \text{或} \quad u_n > M v_n.$$

于是由比较原则知道, 若级数 (21.4) 发散, 则级数 (21.3) 也发散.

例 21.2 级数 $\sum \dfrac{1}{2^n-n}$ 是收敛的.

证明 因为

$$\lim_{n \to \infty} \frac{\dfrac{1}{2^n-n}}{\dfrac{1}{2^n}} = \lim_{n \to \infty} \frac{2^n}{2^n-n} = \lim_{n \to \infty} \frac{1}{1 - \dfrac{n}{2^n}} = 1,$$

以及等比级数 $\sum \dfrac{1}{2^n}$ 收敛, 所以根据推论, 级数 $\sum \dfrac{1}{2^n-n}$ 也收敛.

例 21.3 级数

$$\sum \sin \frac{1}{n} = \sin 1 + \sin \frac{1}{2} + \cdots + \sin \frac{1}{n} + \cdots$$

是发散的. 因为

$$\lim_{n \to \infty} \frac{\sin \dfrac{1}{n}}{\dfrac{1}{n}} = 1,$$

根据推论以及调和级数 $\sum \dfrac{1}{n}$ 发散, 所以级数 $\sum \sin \dfrac{1}{n}$ 也发散.

定理 21.3 (达朗贝尔判别法或称比式判别法)　设 $\sum u_n$ 为正项级数, 且存在某正整数 N_0 及常数 $q(0 < q < 1)$.

(1) 若对一切 $n > N_0$, 成立不等式

$$\frac{u_{n+1}}{u_n} \leqslant q, \tag{21.7}$$

则级数 $\sum u_n$ 收敛.

(2) 若对一切 $n > N_0$, 成立不等式

$$\frac{u_{n+1}}{u_n} \geqslant 1, \tag{21.8}$$

则级数 $\sum u_n$ 发散.

证明　(1) 不妨设不等式 (21.7) 对一切 $n \geqslant 1$ 成立, 于是有

$$\frac{u_2}{u_1} \leqslant q, \frac{u_3}{u_2} \leqslant q, \cdots, \frac{u_n}{u_{n-1}} \leqslant q, \cdots.$$

把前 $n-1$ 个不等式按项相乘后, 得到

$$\frac{u_2}{u_1} \cdot \frac{u_3}{u_2} \cdot \cdots \cdot \frac{u_n}{u_{n-1}} \leqslant q^{n-1},$$

或者

$$u_n \leqslant u_1 q^{n-1}.$$

由于当 $0 < q < 1$ 时, 等比级数 $\sum_{n=1}^{\infty} q^{n-1}$ 收敛, 根据比较原则及上述不等式可推得级数 $\sum u_n$ 收敛.

(2) 由于 $n > N_0$ 时成立不等式 (21.8), 即有

$$u_{n+1} \geqslant u_n \geqslant u_{N_0},$$

于是当 $n \to \infty$ 时, u_n 的极限不可能为零. 由性质 20.5 知级数 $\sum u_n$ 是发散的.

推论 21.2 (比式判别法的极限形式)　若 $\sum u_n$ 为正项级数, 且

$$\lim_{n \to \infty} \frac{u_{n+1}}{u_n} = q, \tag{21.9}$$

则

(1) 当 $q < 1$ 时, 级数 $\sum u_n$ 收敛;

(2) 当 $q > 1$ 或 $q = +\infty$ 时, 级数 $\sum u_n$ 发散.

证明 由 (21.9) 式, 对任意取定的正数 $\varepsilon(< |1 - q|)$, 存在正数 N, 当 $n > N$ 时, 都有

$$q - \varepsilon < \frac{u_{n+1}}{u_n} < q + \varepsilon.$$

当 $q < 1$ 时, 取 ε 使 $q + \varepsilon > 1$, 由上述不等式的右半部分及定理 21.2 的 (1), 推得级数 $\sum u_n$ 是收敛的.

若 $q > 1$ 时, 则取 ε 使 $q + \varepsilon > 1$, 由上述不等式的左半部分及定理 21.2 的 (2), 推得级数 $\sum u_n$ 是发散的.

若 $q = +\infty$, 则存在 N, 当 $n > N$ 时有

$$\frac{u_{n+1}}{u_n} > 1,$$

所以这时级数 $\sum u_n > 1$ 是发散的.

例 21.4 讨论级数

$$\frac{2}{1} + \frac{2 \cdot 5}{1 \cdot 5} + \frac{2 \cdot 5 \cdot 8}{1 \cdot 5 \cdot 9} + \cdots + \frac{2 \cdot 5 \cdot 8 \cdots [2 + 3(n-1)]}{1 \cdot 5 \cdot 9 \cdots [1 + 4(n-1)]} + \cdots$$

的敛散性.

解 由于

$$\lim_{n \to \infty} \frac{u_{n+1}}{u_n} = \lim_{n \to \infty} \frac{2 + 3n}{1 + 4n} = \frac{3}{4} < 1,$$

根据推论 1 级数是收敛的.

例 21.5 讨论级数 $\sum n x^{n-1} (x > 0)$ 的敛散性.

解 因为

$$\frac{u_{n+1}}{u_n} = \frac{(n+1)x^n}{nx^{n-1}} = x \cdot \frac{n+1}{n} \to x \quad (n \to \infty),$$

根据推论 21.2, 当 $0 < x < 1$ 时级数收敛; 当 $x > 1$ 时级数发散; 而当 $x = 1$ 时, 所考察的级数是 $\sum n$, 它显然也是发散的.

若 (21.9) 中 $q = 1$, 这时用比式判别法不能对级数的敛散性作出判断, 因为它可能是收敛的, 也可能是发散的. 例如, 级数 $\sum \frac{1}{n^2}$ 和 $\sum \frac{1}{n}$, 它们的比式极限都是

$$\frac{u_{n+1}}{u_n} \to 1 \quad (n \to \infty),$$

但 $\sum \frac{1}{n^2}$ 是收敛的, 而 $\sum \frac{1}{n}$ 却是发散的.

习 题 21

1. 利用比较判别法, 判定下列级数的敛散性:

(1) $\displaystyle\sum_{n=1}^{\infty} \frac{1}{2n-1}$;

(2) $\displaystyle\sum_{n=1}^{\infty} \frac{1}{(n+1)(n+4)}$;

(3) $\displaystyle\sum_{n=1}^{\infty} \frac{n!}{n^n}$;

(4) $\displaystyle\sum_{n=1}^{\infty} \left(1 - \cos\frac{1}{n}\right)$;

(5) $\displaystyle\sum_{n=1}^{\infty} \frac{1}{1+a^n}(a>0)$;

(6) $\displaystyle\sum_{n=2}^{\infty} \frac{1}{\ln n}$.

2. 利用比值判别法, 判定下列级数的敛散性:

(1) $\displaystyle\sum_{n=1}^{\infty} \frac{n+2}{2^n}$;

(2) $\displaystyle\sum_{n=1}^{\infty} \frac{5^n}{n!}$;

(3) $\displaystyle\sum_{n=1}^{\infty} \frac{2^n \cdot n!}{n^n}$;

(4) $\displaystyle\sum_{n=1}^{\infty} \frac{2 \cdot 5 \cdot \cdots \cdot (3n-1)}{1 \cdot 5 \cdot \cdots \cdot (4n-3)}$;

(5) $\displaystyle\sum_{n=1}^{\infty} n\tan\frac{\pi}{2^n}$;

(6) $\displaystyle\sum_{n=1}^{\infty} \frac{x^{2n}}{n!}$.

3. 用适当的方法判定下列级数的敛散性:

(1) $\displaystyle\sum_{n=1}^{\infty} \frac{1}{na+b}(a>0, b>0)$;

(2) $\displaystyle\sum_{n=1}^{\infty} \frac{3^n \cdot n!}{n^n}$;

(3) $\displaystyle\sum_{n=1}^{\infty} \sqrt{\frac{n+1}{n}}$;

(4) $\displaystyle\sum_{n=1}^{\infty} 2^n \sin\frac{\pi}{3^n}$;

(5) $\displaystyle\sum_{n=1}^{\infty} \frac{n}{2^n}\cos^2\frac{n\pi}{3}$.

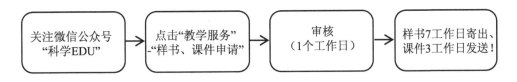

教师教学服务指南

　　为了更好服务于广大教师的教学工作，科学出版社打造了"科学 EDU"教学服务公众号，教师可通过扫描下方二维码，享受样书、课件、**会议信息**等服务.

　　样书、电子课件仅为任课教师获得，并保证只能用于教学，不得复制传播用于商业用途. 否则，科学出版社保留诉诸法律的权利.

| 关注微信公众号"科学EDU" | → | 点击"教学服务"-"样书、课件申请" | → | 审核（1个工作日） | → | 样书7工作日寄出、课件3工作日发送！ |

科学EDU

关注科学EDU，获取教学样书、课件资源

面向高校教师，提供优质教学、会议信息

分享行业动态，关注最新教育、科研资讯

学生学习服务指南

　　为了更好服务于广大学生的学习，科学出版社打造了"学子参考"公众号，学生可通过扫描下方二维码，了解海量经典教材、**教辅**、**考研**信息，轻松面对考试.

学子参考

面向高校学子，提供优秀教材、教辅信息

分享热点资讯，解读专业前景、学科现状

为大家提供海量学习指导，轻松面对考试

教师咨询：010-64033787　QQ：2405112526　yuyuanchun@mail.sciencep.com

学生咨询：010-64014701　QQ：2862000482　zhangjianpeng@mail.sciencep.com